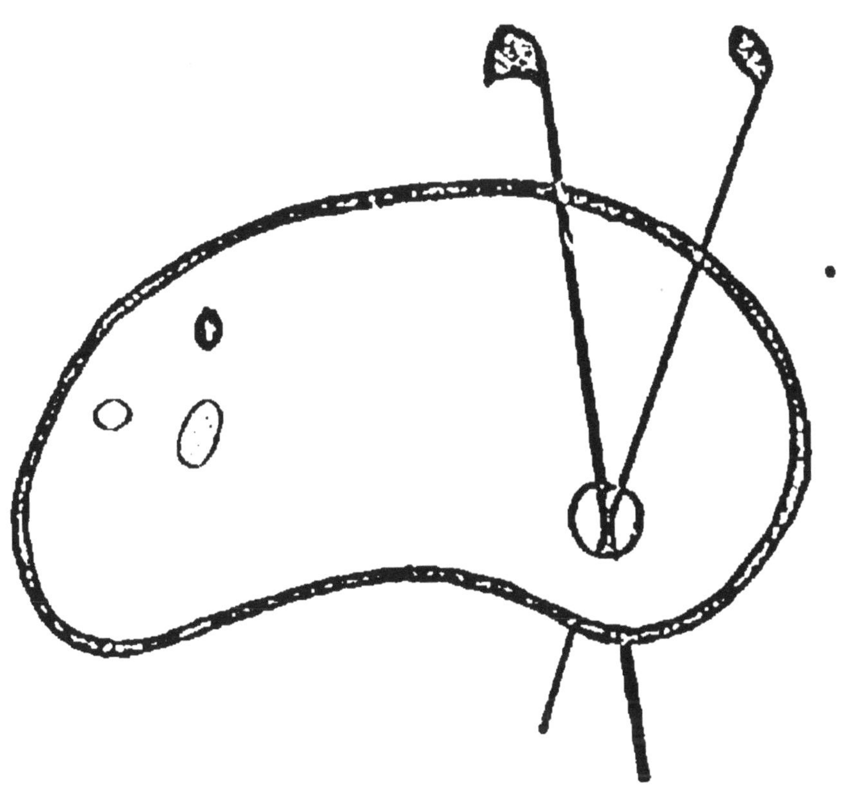

DEBUT D'UNE SERIE DE DOCUMENTS
EN COULEUR

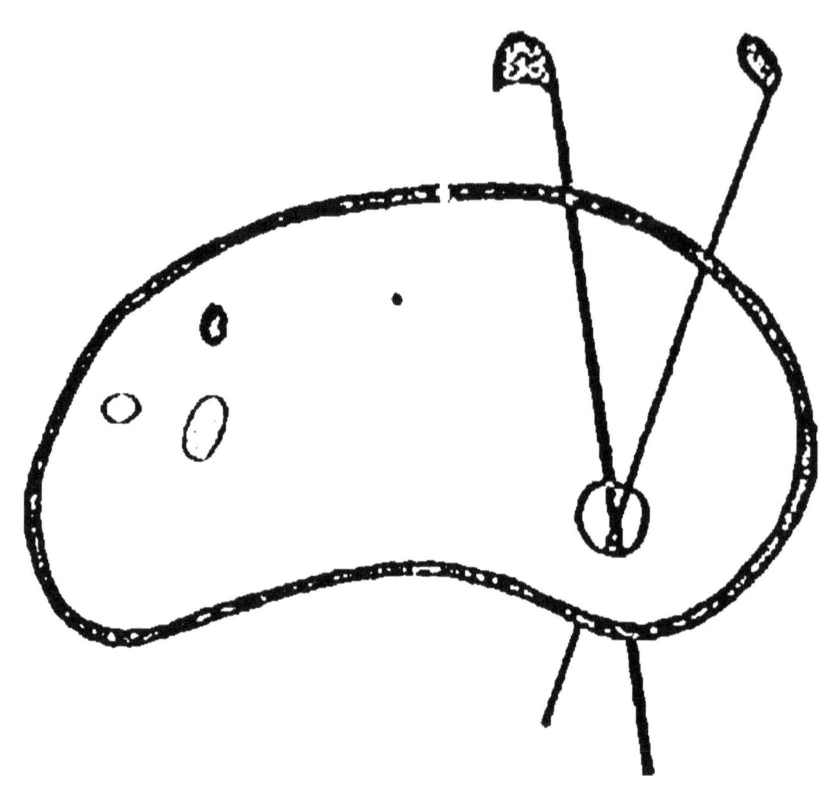

FIN D'UNE SERIE DE DOCUMENTS
EN COULEUR

DÉFENSE

DE

B. PASCAL

ET ACCESSOIREMENT

DE NEWTON, GALILÉE, MONTESQUIEU, ETC.

IMPRIMERIE GÉNÉRALE DE CH. LAHURE
Rue de Fleurus, 9, à Paris

DÉFENSE

DE

B. PASCAL

ET ACCESSOIREMENT

DE NEWTON, GALILÉE, MONTESQUIEU, ETC.

CONTRE LES FAUX DOCUMENTS

PRÉSENTÉS PAR M. CHASLES A L'ACADÉMIE DES SCIENCES

PAR M. P. FAUGÈRE

AVEC PLUSIEURS FAC-SIMILE

PARIS
LIBRAIRIE DE L. HACHETTE ET Cie
BOULEVARD SAINT-GERMAIN, N° 77

—

1868

Ce n'est pas sans répugnance et sans hésitation que je me suis décidé à livrer à la publicité les pages suivantes. D'une part, je me sentais retenu par la crainte de blesser un homme dont j'honore la science et le caractère, mais qui, après avoir eu le malheur de laisser surprendre sa bonne foi, a eu celui de persévérer dans une déplorable erreur; et de l'autre par le peu de goût que l'on a à lutter avec des fantômes, c'est-à-dire à se trouver dans l'obligation de traiter d'une façon sérieuse des choses qui ne le sont pas.

L'avis des hommes les plus compétents en tout ce qui appartient au domaine de la science et de l'esprit, et mes propres réflexions m'ont fait juger que l'intérêt de la vérité devait ici l'emporter sur toute autre considération, et m'imposait le devoir d'accomplir jusqu'au bout la tâche que j'avais commencée.

On ne saurait d'ailleurs considérer cette tâche comme superflue ou puérile, bien qu'elle ait pour objet de dissiper des chimères, si l'on songe que ces chimères ont, pendant près de six mois, eu le privilége d'occuper l'Académie des sciences, qu'elles y ont même rencontré quelques partisans, et qu'elles trouvent en outre dans la presse dite scientifique des croyants ou du moins des défenseurs.

Paris, 1er juin 1868.

P.-S. — L'impression de ce Mémoire était presque terminée, lorsqu'une circonstance inattendue est venue donner une nouvelle importance aux motifs qui m'ont engagé à le publier. J'ai appris que l'un des membres les plus considérables de l'Institut, appartenant à la fois à l'Académie française et à celle des Sciences morales et politiques, s'était notoirement prononcé pour la thèse soutenue par M. Chasles et qu'il admettait comme authentiques les écrits attribués à Pascal. L'illustre historien du Consulat et de l'Empire, que j'ai le profond regret de voir prêter l'autorité de son nom à une cause qui ne devait pas compter sur un tel honneur, a bien voulu m'expliquer sa manière de voir. Comme j'ai cru comprendre qu'il désirait se réserver l'occasion de publier lui-même les considérations sur lesquelles il fonde son opinion, je crois devoir m'abstenir de les résumer ici. Il me suffira de dire qu'elles se rattachent aux travaux de Pascal sur la pesanteur de la masse de l'air. Par une conséquence ingénieusement déduite de cet ordre de faits, M. Thiers arrive à cette conclusion, que Pascal a dû être naturellement *amené jusqu'au seuil* de la grande découverte de l'attraction sidérale; et son intuition divinatrice aurait fait le reste.

Je ne pouvais qu'être d'accord avec M. Thiers quand il a ajouté que rien n'était au-dessus du génie de Pascal. Si, prolongeant une existence prématurément interrompue, il se fût livré aux recherches astronomiques, et qu'il eût eu à sa disposition les moyens matériels d'investigation qui n'existaient pas encore de son temps, il eût été certainement capable de devancer Newton et de lui ravir la gloire d'avoir découvert le système du monde. Mais la déduction tirée de la puissance intellectuelle de Pascal, et des résultats de ses expériences sur la pression atmosphérique, est ici purement conjecturale; et, alors même qu'on l'admettrait comme un fait démontré, il ne s'ensuivrait pas que Pascal ait franchi les derniers degrés qui l'auraient conduit à découvrir les lois de la gravitation universelle. Or, en dehors des documents produits par M. Chasles, ainsi qu'on le verra dans la suite de ce Mémoire, il n'y a absolument rien qui montre que Pascal ait accompli *ni même entrevu* cette découverte. Il est au contraire établi de la manière la plus évidente que ce grand esprit ne s'était jamais tourné vers les études astronomiques, à tel point qu'il n'avait pas même arrêté son opinion sur le système de Copernic, et qu'il n'admettait pas comme suffisamment démontré le mouvement de la terre.

En remerciant M. Thiers de l'entretien dont il venait de m'honorer, j'en ai appelé à lui-même de son opinion, et il m'a promis d'examiner avec attention les considérations développées dans mon Mémoire. Je ne saurais avoir aucun doute sur le résultat de cet examen; mais si les prétendus documents attribués à Pascal ont pu faire illusion à un homme d'un savoir universel et d'un aussi rare esprit, ne devient-il pas opportun et nécessaire d'en démontrer, pour tout le monde, la complète fausseté?

I

Il était réservé à notre époque si féconde en progrès de toute espèce, et surtout en spéculations industrielles, de voir se produire, en matière de faux autographes, l'entreprise la plus vaste, la plus audacieuse, la plus artificieusement combinée que l'on ait encore imaginée.

Mais ce qui n'est pas moins prodigieux peut-être que la fabrication de cette multitude de documents, c'est qu'il se soit rencontré pour y croire, les acheter à beaux deniers comptants, et les prendre sous son patronage, un des membres les plus considérés de l'Académie des sciences.

L'honorable M. Chasles, car c'est lui, comme on sait, qui s'est fait l'éditeur responsable des produits de cette immense fabrication, me rendra, je l'espère, cette justice qu'avant de recourir à un débat public, j'ai fait ce qui était en mon pouvoir pour l'éclairer sur la fraude dont il était la première et dont il restera, s'il n'y prend garde, la seule victime. Ce n'est qu'après avoir acquis la conviction que rien ne pouvait rompre le charme dont il subissait l'empire, que j'ai pris le parti de m'adresser à l'Académie[1].

M. Chasles m'a reproché avec une vivacité et dans des termes regrettables, surtout pour lui-même[2], d'avoir commis-

1. Voir *Appendice*, nos I, II et III.

2. Séance de l'Académie, du 14 octobre. M. Chasles, j'aime à le penser, ne se serait pas livré à ces excès de langage, s'il avait pris garde que s'il m'était permis de l'entendre, je n'avais pas le droit de prendre la parole pour lui répondre.

ce qu'il a appelé une dénonciation; il s'est plaint avec une singulière amertume de ce que j'aurais fait avec les Anglais une alliance, bien antifrançaise évidemment, puisque je les aurais invités à intervenir dans un débat où ils s'uniraient à moi pour empêcher de restituer à Pascal la gloire, trop longtemps usurpée par Newton, d'avoir établi les lois de la gravitation universelle !...

Répondrai-je au savant géomètre que cet appel à un sentiment mesquin de rivalité nationale n'était pas digne de lui? La thèse qu'il soutient n'avait rien à gagner à une espèce d'argument qui peut être du goût de quelques esprits superficiels ou complaisants, pour lesquels il est commode de substituer d'impertinentes affirmations à une discussion fondée sur un examen consciencieux, mais qui ne saurait être de mise quand on s'adresse à une Compagnie qui, dès les premiers temps de son institution, s'est honorée de compter parmi ses membres des savants de tous les pays, au rang desquels figure Newton lui-même[1].

Un autre reproche qui m'a été fait par M. Chasles, c'est de n'avoir pas attendu pour rompre le silence qu'il eût publié les nombreux documents dont il est devenu le possesseur. J'avoue ne pas comprendre la justesse de ce grief. M. Chasles avait un moyen bien simple de prévenir ce qu'il considère comme un débat indiscret et prématuré; c'était de s'abstenir lui-même de toute communication à l'Académie

1. Au commencement de 1699, lors de la nouvelle organisation que reçut l'Académie des sciences, huit membres associés étrangers furent institués. Newton fut compris dans cette première promotion, et élu par l'Académie dans sa séance du 21 février 1699. — Le 31 janvier 1714, Fontenelle, secrétaire perpétuel, présenta à la Compagnie, de la part de Newton, la deuxième édition de ses « Principia mathematica. » Le 4 février suivant, Fontenelle écrivant à Newton pour le remercier de l'envoi de son livre, lui disait que « cet excellent ouvrage était admiré dans toute l'Europe et surtout en France, où l'on sait bien reconnaître le mérite étranger. » — Voir Appendice, n° XI, la lettre de Fontenelle à Newton.

jusqu'au moment où il aurait fait la publication intégrale qu'il annonce aujourd'hui.

Est-ce que s'il y avait quelque part un amas considérable de fausses monnaies, on devrait attendre pour en signaler l'existence qu'elles fussent toutes livrées à la circulation? Non, certes; et le devoir de chacun serait de faire ce qui pourrait dépendre de lui pour empêcher que ces pièces de mauvais aloi ne fussent répandues au détriment du public. Eh! bien, à mes yeux, l'auteur de faux autographes est tout aussi coupable que celui qui fabrique de la fausse monnaie ou contrefait des billets de banque. Peut-être même l'est-il davantage, car, outre le dommage matériel qui est la conséquence nécessaire de cette falsification, il peut en résulter, aussi longtemps du moins que la fraude n'est pas découverte, une atteinte à la vérité, une altération de la pensée, de la science ou de l'histoire, enfin un dommage intellectuel qui, pour n'être pas appréciable par le calcul, n'en constitue pas moins de la part de celui qui en est l'auteur un véritable délit.

Il y a à cet égard, dans nos lois pénales, une lacune qui mérite sans aucun doute de fixer l'attention du législateur. N'est-il pas infiniment regrettable, en effet, qu'un homme puisse, avec impunité, attribuer à un écrivain ou à un savant célèbre (car c'est à ceux-là naturellement que la fraude s'attache de préférence) des œuvres fabriquées par lui-même, et tenter d'apporter ainsi une perturbation inattendue dans le domaine de l'intelligence et du génie?

Il est arrivé parfois, il est vrai, qu'un homme de talent, mû par une pure fantaisie, ait employé sa plume à imiter le style d'un grand écrivain, à composer ce que l'on appelle des *pastiches*. Mais ce n'est qu'un jeu d'esprit, et celui qui se le permet ne prétend en tirer aucun avantage, si ce n'est le plaisir innocent de surprendre ses lecteurs par une illusion passagère. Il y avait, par exemple, il y a quelques années, à Rolle, dans le canton de Vaud, un littérateur de mérite, M. Chatelain[1], qui se complaisait dans ce genre de compositions, et qui aimait surtout à composer des lettres de Mme de Sévigné à sa fille[2]. Il enfermait, dans ce cadre fictif, ses propres idées, et il les exprimait dans un style qui, sans approcher de celui de son modèle, ne manquait cependant ni d'esprit, ni d'originalité.

Les œuvres de cette nature sont facilement excusables, et le lecteur se prête même volontiers à un mensonge qui n'est fait que pour son plaisir et celui de l'auteur. Mais dans l'étrange débat qui s'est ouvert sur les communications faites à l'Académie des sciences, on se trouve en présence d'un spéculateur, uniquement inspiré par l'appât du gain, aussi dépourvu de véritable science que de goût et de talent, qui, en prétendant attribuer à Pascal, à Galilée, à Newton, à Montesquieu et à tant d'autres encore, les produits de son industrie, outrage à la fois la vérité et la vraisemblance, et le respect qui est dû à la mémoire de ces grands hommes.

C'est pour défendre celle de Pascal que je suis d'abord entré dans ce débat; et je croyais, je l'avoue, ma tâche si facile, qu'elle me semblait presque superflue. Mais comme les efforts persistants de M. Chasles ont pu faire illusion à quelques esprits, et laisser au moins des doutes, même au sein de l'Académie, sur la fausseté de ses documents, je me vois obligé de la reprendre et de démontrer une évidence qui devrait frapper tous les yeux.

Les rôles, d'ailleurs, sont ici étrangement intervertis. L'ho-

1. Né à Rotterdam en 1769, M. Chatelain était venu s'établir en Suisse et s'était fait naturaliser dans le canton de Vaud : il avait fixé sa résidence à Rolle, où il est mort en 1856.

2. *Lettres de Livry*, etc. Paris, A. Cherbuliez. 1835, in-8.

norable M. Chasles révèle tout d'un coup, à l'Académie des sciences, des documents qui doivent apporter dans l'histoire de l'astronomie une perturbation profonde; il les présente en affirmant qu'ils émanent de Pascal et sont tous écrits de la main de ce grand homme[1].

Le premier devoir à remplir, en pareille circonstance, n'était-il pas d'établir tout d'abord l'authenticité de ces mêmes documents? de dire d'où ils venaient? de qui on les tenait? d'indiquer enfin sur quelles preuves on se fondait pour les attribuer à Pascal?

Le savant géomètre ne s'est fait aucune de ces questions: abusé par une confiance qui ne peut s'expliquer que par sa loyauté même, il s'est malheureusement départi de la manière de procéder exacte et rigoureuse qui, dans cette circonstance plus que dans toute autre, était une impérieuse obligation. Pour ne parler en ce moment que des prétendus autographes de Pascal, il en a fait l'acquisition sans même prendre le soin de voir auparavant le manuscrit des *Pensées*, qui est déposé à la Bibliothèque impériale. Les personnes de qui il les tient sont parvenues à lui inspirer une telle crédulité que *sa sécurité est complète et que rien ne serait capable de l'ébranler*[2]; enfin, c'est pour lui un article de foi.

Lacépède, appelé, le 12 avril 1813, à prendre la parole aux funérailles de Lagrange, ne trouvait pas de plus bel éloge pour son illustre confrère, que de rapprocher son nom de celui de Newton, et il ajoutait : « Lorsque Newton cessa de vivre, l'admiration grava sur sa tombe cette inscription : —

1. Voir plus loin, page 18.
2. Ce sont les propres paroles de M. Chasles, lorsque dans notre première entrevue, je lui demandai s'il avait vu le manuscrit des *Pensées :* il me manifesta une de ces résolutions arrêtées à priori, devant lesquelles toute démonstration vient échouer.

« Que les mortels se félicitent d'avoir eu un si bel ornement « de l'espèce humaine[1]. »

L'opinion unanime du monde savant a ratifié ce jugement sur le *grand Newton*. Pour faire descendre un tel homme de son piédestal et tenter de le réduire au rôle de plagiaire impudent et ingrat, il faudrait, tout le monde en conviendra, que les documents sur lesquels on s'appuie eussent été avant tout placés à l'abri du soupçon, à l'aide d'une vérification sévère.

Il y eut jadis des docteurs qui, ayant ouï parler d'une dent d'or qui avait spontanément poussé dans une bouche humaine, se mirent à raisonner sur cet étrange caprice de la nature. Ils dissertaient savamment pour l'expliquer, lorsque quelqu'un fit observer qu'il eût peut-être été prudent de commencer par s'assurer du fait. Son avis fut suivi, et l'on reconnut bien vite que la dent merveilleuse n'existait pas. Le phénomène était d'une telle invraisemblance que la vérification en pouvait paraître inutile. Mais, en supposant que l'on ne se fût pas avisé de la faire, qui sait combien de temps la discussion eût duré, et s'il ne se serait pas rencontré des gens amis du paradoxe, pour la renouveler un jour!

Les documents produits par l'honorable M. Chasles, et sur lesquels on a discuté pendant plus de six mois, n'ont pas plus de réalité que cette dent chimérique. Il y avait un moyen bien simple de s'en convaincre, et comme personne ne semblait y songer, je me suis permis, dès le 27 juillet, de l'indiquer à l'Académie des sciences, du moins en ce qui concerne Pascal[2] : c'était la comparaison des écritures et des signatures. Il existe, comme on sait, à la Bibliothèque impériale, un grand registre in-folio d'environ cinq cents pages, composées de fragments tous écrits, sauf quelques rares exceptions, de la

1. *Moniteur* du 14 avril 18[illegible].
2. *Appendice*, n° III.

main de Pascal. Il offrait tous les éléments désirables de comparaison et d'information.

L'Académie avait, sur ma demande, décidé que des commissaires, pris dans son sein, examineraient la question d'authenticité, particulièrement à ce point de vue, et elle avait bien voulu m'inviter à me joindre à eux[1].

La commission se réunit le 19 août 1867. Après avoir mis d'abord sous ses yeux des éléments authentiques de vérification des écritures, j'avais indiqué les principales considérations qui devaient, à mon avis, à part même l'examen graphique, démontrer la fausseté des documents attribués à Pascal, lorsque M. Le Verrier déclara qu'il avait à faire une observation préjudicielle. Il ne se reconnaissait pas, dit-il, l'aptitude nécessaire pour prendre part à une expertise d'écritures ; mais il y avait un élément d'information qui lui semblait essentiel. Quand on lui apportait une observation astronomique, il avait pour règle, avant de l'admettre et d'en faire la base d'un raisonnement quelconque, de s'enquérir par qui, où et comment elle avait été faite. On n'avait pas à procéder autrement dans la circonstance actuelle. Il demandait donc à M. Chasles de faire connaître à la commission de qui il tenait les documents en question. M. Chasles n'était point obligé, sans doute, de répondre; mais s'il voulait bien donner ce renseignement, ce serait un pas important vers la découverte de la vérité, car l'on aurait ainsi un point de départ pour remonter à l'origine des documents.

M. Le Verrier, inspiré par un sentiment de prévoyance qui n'avait rien de personnellement désobligeant pour son honorable confrère, et n'était certainement pas hors de saison, demanda en outre que M. Chasles voulût bien déposer sur le bureau de l'Académie tous les documents actuellement en sa

1. *Appendice*, n° IV.

possession qui se référaient aux rapports prétendus entre Pascal et Newton.

M. Chasles répondit par un refus formel aux demandes de M. Le Verrier. Il déclara que si les documents lui venaient d'un libraire, il n'hésiterait pas à dire le nom du vendeur; mais comme il en était autrement, il ne lui était pas permis de dire de qui il les tenait.

M. Le Verrier répliqua que les choses étant ainsi, il croyait devoir se retirer de la commission qu'il considérait désormais comme inutile. L'Académie à qui il fit connaître l'incident, en séance publique, se rangea à son opinion, et décida que la commission se trouvant dès lors dissoute, je serais invité à exposer dans une lettre adressée à M. le Président[1] les motifs sur lesquels je me fondais pour nier l'authenticité des documents que M. Chasles attribuait à Pascal. Je m'empressai de déférer au vœu de l'Académie, et à la séance suivante, je donnai lecture d'une note dans laquelle j'énumérais les divers ordres de considérations qui, à mon avis, devaient être invoqués dans un pareil débat[2].

Cette sorte de programme était suggérée par la nature même des choses; aussi la plupart des contradicteurs de M. Chasles, entrés après moi dans cette discussion, n'ont fait que développer avec plus ou moins d'autorité ou d'étendue, les arguments que j'avais d'abord indiqués.

1. Séance du 19 août 1867. — *Comptes rendus*, page 310 et n° V de l'Appendice.
2. Voir l'*Appendice*, n° VI.

II

Au premier rang des preuves que j'ai invoquées pour démontrer la fausseté des documents dont il s'agit se plaçait *la* comparaison des écritures. C'était évidemment le premier comme le plus efficace moyen d'arriver à la découverte de la vérité, d'autant mieux que le faussaire, ainsi que je l'ai fait remarquer à l'Académie, ne s'est nullement appliqué à reproduire l'écriture des personnages qu'il mettait en scène. On comprend en effet que si le procédé d'une imitation plus ou moins exacte est possible quand il s'agit d'un petit nombre de pièces, il cesse d'être praticable lorsque la falsification s'exerce sur des milliers de documents. Aussi le fabricateur de l'immense collection acquise par M. Chasles, ne s'est-il pas astreint à imiter l'écriture de Pascal, des sœurs de Pascal, de Newton ni d'aucun des autres personnages objets de son exploitation; et c'est ce qui rend ici la comparaison des écritures aussi facile que péremptoire. Je n'ai donc pas cessé de réclamer cette épreuve, avec la certitude qu'elle aurait pour résultat immédiat de couper court à la discussion.

Elle a été faite en Angleterre, en ce qui concerne Newton, par les soins de sir David Brewster, à qui M. Chasles avait envoyé des photographies de quelques-unes des pièces attribuées à ce grand homme, et il en est ressorti la preuve que ces derniers documents n'étaient point de l'écriture de Newton[1].

J'ai de mon côté comparé l'écriture et la signature d'une des

1. Voir la lettre de sir D. Brewster à M. Chevreul, du 24 septembre 1867. — *Comptes rendus*, page 537 : séance du 30 septembre.

prétendues lettres de Jacques II avec l'écriture et la signature de plusieurs lettres de ce prince incontestablement authentiques et autographes, appartenant au dépôt des affaires étrangères, et il a été évident pour moi, comme pour tous ceux qui ont fait avec moi cette comparaison, qu'il n'y a aucune ressemblance entre les unes et les autres. Donc les vingt ou trente lettres prétendues de Jacques II, possédées par M. Chasles, et qui sont toutes d'une même écriture, sont fausses[1].

A cela qu'a répondu M. Chasles? Il m'a dit, comme à M. Brewster pour les prétendues lettres de Newton : vous énoncez une allégation sans preuves; vous émettez un jugement, mais vous ne le motivez nullement.

M. Chasles ne prend pas garde qu'il s'agit d'un fait qui se voit, se constate et ne se motive pas. Deux écritures sans analogie l'une avec l'autre sont mises en présence; il suffit d'y regarder, et, à moins d'avoir la vue bien mauvaise, on reconnaîtra aussitôt qu'il n'y a entre elles aucune identité.

Mais, a ajouté M. Chasles, à propos des lettres de Jacques II dont je me suis servi pour terme de comparaison, vous vous bornez à dire que ces lettres sont autographes et authentiques, vous ne prouvez pas votre allégation[2]. M. Chasles, qui a une façon de commenter et de raisonner sur toute chose qui fait qu'il ne tient jamais un compte exact des observations et des preuves qu'on lui présente, ce qui lui permet de répondre

1. M. Chasles qui voit toujours dans le grand nombre des divers documents qui lui ont été vendus, la meilleure garantie de leur authenticité, ne manque pas d'ajouter en parlant des lettres de Jacques II : « Je possède plus d'une trentaine d'autres pièces du roi Jacques. Ce sont ses minutes. Il s'y trouve des fragments historiques; des notes sur le caractère des Anglais : « caractère de l'ouvrier anglois, des savants anglois, des femmes angloises, du négociant « anglois, etc. »

Voilà un *Jacques II* bien inattendu : historien, écrivain, moraliste! Décidément le faussaire, s'il trompe sur la qualité de ses produits, n'épargne ni la variété ni la quantité.

2. Séance du 14 octobre. — *Comptes rendus*, p. 618.

à tout, a oublié ce que j'ai écrit à ce sujet à l'Académie. J'ai eu soin de dire que ces lettres de Jacques II seraient à la disposition de tous ceux qui voudraient les examiner; qu'elles appartenaient au dépôt des affaires étrangères; qu'elles étaient adressées à Louis XIV[1]. Si M. Chasles avait pris la peine de venir les voir, il aurait reconnu, comme tout le monde, j'aime à le croire, que ces documents, par la nature et le format du papier, par la suscription, le cachet, le lacs de soie, l'ancienneté de la reliure des volumes dont ils font partie, offrent tous les caractères d'une franche et indéniable authenticité.

Les prétendues lettres de Jacques II possédées par M. Chasles présentent des caractères tout différents; celle, par exemple, qu'il a bien voulu me communiquer est écrite sur un papier qui n'est pas du temps et qui est d'un format beaucoup plus grand que celui dont ce prince faisait usage. Ce papier a été roussi et enfumé avec exagération pour lui donner un air de vétusté; l'encre est malgré cela demeurée encore fraîche[2]; enfin le faussaire, ou plutôt le copiste associé par lui à cette honnête besogne s'est plusieurs fois oublié dans la mission qui lui était donnée de se conformer à l'orthographe du temps; il n'a pas toujours mis des *u* pour des *v*, ou des *o* pour des *a*[3]. Comment la sagacité d'un savant aussi distingué que M. Chasles a-t-elle pu se laisser prendre à un piége aussi grossier? Je

1. Voir *Appendice*, n° VIII; et *Comptes rendus*, séance du 14 octobre.

2. M. Chasles, quand je signale l'*encre encore fraîche* de ses documents (voir *Appendice*, n° VI), suppose que j'ai parlé de l'encre *encore noire*, et il part de là pour me répondre (*a*) qu'il n'est pas rare de voir l'écriture rester noire, même après des siècles; il a raison et je suis de son avis; mais ce n'est pas de cela qu'il s'agissait, et en réalité il ne m'a pas répondu sur ce point, non plus que sur tous les autres.

3. Voir le *fac-simile* R.

La fraude ressort du seul examen de cette pièce; il m'a paru cependant utile d'y joindre le *fac-simile* de l'écriture de Jacques II. Voir le *fac-simile* S.

(*a*) *Comptes rendus* de 1867, page 378.

parle ailleurs du rôle et du style prêtés à Jacques II, et qu'il n'est pas moins impossible d'admettre que l'écriture qu'on lui attribue.

Qu'il me soit permis de placer ici une simple réflexion, qui frappera certainement tous mes lecteurs : c'est que M. Chasles, qui admet si difficilement l'authenticité d'un document appartenant au dépôt des affaires étrangères, et ne trouve jamais qu'elle soit assez démontrée, ferait bien de réserver un peu de sa sévérité pour ses propres documents. Mais s'il montre à l'égard d'autrui un excès de rigueur, il use envers lui-même d'une excessive indulgence. Voici, par exemple, comment il s'exprime au sujet des lettres et des notes, *au nombre de mille environ*, qu'il attribue à Pascal ; il se contente d'énoncer une simple affirmation, et il veut être cru sur parole :

« Je n'hésite pas à déclarer formellement, dit-il, qu'il ne peut y avoir aucun doute ; *c'est-à-dire que toutes ces pièces sont bien de la main de Pascal ; que cela m'est prouvé non-seulement par le nombre de ces pièces et les sujets qu'elles traitent, mais surtout par une correspondance de dix années entre Pascal et Newton ;* par des lettres de miss Anne Ascough, la mère de Newton, qui remercie Pascal des conseils qu'il veut bien donner à son fils ; par des lettres d'Aubrey, savant littérateur anglais, qui rend compte à Pascal des visites qu'il a faites, à sa demande, au jeune étudiant de l'école de Grantham ; par des lettres de Pascal à Boyle et à Hooke, qu'il prie aussi d'aller visiter le jeune écolier ; par des lettres de Pascal à Gassendi, assez nombreuses ; enfin par une correspondance entre Newton et divers personnages de l'époque, ou un peu postérieurs à Pascal, tels que Rohault, Mariotte, Clerselier, Malebranche, Mme Perrier, l'abbé Perrier, son fils, l'abbé de Vallemont et d'autres.

« J'ajouterai que je possède beaucoup d'autres écrits de Pascal sur divers sujets, et de très-nombreuses lettres adressées à Mme Perrier, à sa sœur Jacqueline, au P. Mersenne, à Gassendi, à Arnauld, à Nicole, à Hamon de Port-Royal, à Descartes, à la reine Christine (plus d'une vingtaine) ; au père du jeune Labruyère, au jeune Labruyère lui-même, dont il reconnaît les belles qualités et les grandes dispositions qui doivent en faire un homme célèbre : prédiction qui s'est réalisée comme celle que Pascal faisait en fondant les plus grandes espérances sur le génie du jeune Newton. *Toutes ces lettres, toutes ces pièces en nombre considérable, sont de la même main que celles que j'ai communiquées à l'Académie, et toutes sont bien de Pascal*, sans parler ici d'un grand nombre de pensées inédites et de longues notes relatives à la polémique qui fait le sujet des *Lettres provinciales*[1]. »

Pour que cette manière de raisonner fût admissible, il faudrait que quelques-uns au moins de ces prétendus écrits de Pascal se trouvassent confirmés par des documents parfaitement avérés aux yeux de tout le monde, et qu'ils fussent d'accord avec les faits depuis longtemps consacrés.

C'est le contraire qui a lieu : des pièces produites par M. Chasles, il n'en est pas une qui ne se trouve en désaccord avec tout ce que l'on sait de Pascal et de Newton et de la place qu'ils occupent dans l'histoire de la science. Du reste, M. Chasles, loin de contester que ses documents aient, en effet, ce caractère, y voit une preuve de leur importance; c'est précisément cette nouveauté tout à fait imprévue qui à ses yeux constitue leur mérite. Quant à la preuve de leur authenticité, on devrait, comme on vient de le voir, la chercher dans leur multiplicité ; d'ailleurs, s'il faut en croire encore M. Chasles, ces écrits, et notamment ceux qu'il attribue à Pascal, sont *autographes*.

C'est ainsi que l'on se trouve toujours ramené à la vérification des écritures. M. Le Verrier ayant fini lui-même par le reconnaître et par déclarer à l'Académie[2] qu'il convenait de recourir à une expertise, je crus devoir renouveler la proposition que j'avais présentée dès le premier jour; la reproduisant sous une forme plus pratique, je demandai à l'Académie « de vouloir bien autoriser son Président à écrire officielle- « ment à M. le Directeur de la Bibliothèque impériale pour « l'inviter à soumettre à l'examen des membres les plus com- « pétents de son administration les documents présentés par « M. Chasles, et particulièrement les écrits attribués à Pascal[3]. »

1. *Comptes rendus* de 1867, p. 187. — Séance du 29 juillet.
2. Séance du 30 septembre 1867. — *Comptes rendus*, p. 555.
3. *Appendice*, n° VIII. — Séance du 14 octobre. — *Comptes rendus*, p. 643.

Une proposition aussi loyale n'aurait-elle pas dû être accueillie avec empressement, ou du moins sans difficulté par l'honorable M. Chasles? Voici sa réponse, qui semblerait indiquer que sa confiance dans les documents qu'il a pris à sa charge n'est peut-être pas aussi complète au fond que ses affirmations réitérées pourraient le faire supposer.

« Quant à cette enquête, a dit M. Chasles, je répondrai très-nettement que je ne regarde point M. l'Administrateur et MM. ses Collègues de la Bibliothèque Impériale comme des *experts en écriture*; ce sont tous des érudits, des savants, des littérateurs distingués, mais je doute qu'ils s'attribuent un autre titre, et qu'ils veuillent se charger de résoudre la question qui s'agite au sujet des travaux de Pascal et de Newton.

« Ils savent que les *éléments leur manqueraient absolument; car ils n'ont point de collections proprement dites d'autographes*. C'est ainsi qu'il n'existe point, je crois, à la Bibliothèque impériale, de *Lettres de Montesquieu;* il ne s'y trouve qu'une seule pièce sans signature.... De même, il n'existe qu'une seule *lettre de Malebranche*. Je pourrais étendre considérablement ces citations[1], etc., etc. »

Récuser les conservateurs de la Bibliothèque impériale, sous prétexte qu'ils ne sont pas des *experts en écriture*, c'est oublier que ces hommes distingués ont, en pareille matière, un tact et une expérience qu'ils doivent à la nature même de leurs fonctions[2]; ne sont-ils pas, en effet, journellement appelés à rechercher si tels ou tels écrits, qui sont vendus ou offerts à la Bibliothèque comme autographes, sont réellement authentiques? Ce ne sont pas eux, on peut en être certain, qui se seraient laissés prendre à la prodigieuse collection acquise par M. Chasles, si l'on était venu la leur proposer.

Que dirai-je enfin de cette assertion, émise par M. Chasles, que les conservateurs de la Bibliothèque impériale manque-

1. Séance du 14 octobre. — *Comptes rendus* de 1867, p. 620.
2. MM. Taschereau, de Wailly, Rathery, Claude et d'autres encore que je pourrais citer, offriraient certainement toutes les garanties d'une appréciation aussi éclairée que consciencieuse.

raient absolument des éléments de comparaison? Faut-il rappeler une fois de plus au savant géomètre que dans ma proposition il s'agissait avant tout de Pascal, et qu'il y a à la Bibliothèque impériale un registre in-folio contenant environ cinq cents pages écrites de la main de Pascal? Pourquoi M. Chasles répond-il sur Malebranche et Montesquieu, quand je lui parle surtout de Pascal?

Sans insister sur ce point, je me bornerai à appeler l'attention des lecteurs sur les *fac-simile* qui accompagnent ce Mémoire. Du moment que l'Académie, cédant à un sentiment de délicatesse excessif peut-être, mais que l'on ne saurait blâmer, ne croyait pas devoir donner suite à une expertise refusée par celui de ses membres qui s'y trouve personnellement intéressé, il n'y avait qu'un moyen de suppléer à ce défaut d'information : c'était de mettre sous les yeux du public des *fac-simile* des deux écritures, la vraie et la fausse. C'est ce que je fais pour Pascal et ses deux sœurs. L'épreuve sera décisive pour les yeux même les moins exercés[1]. On remarquera que les signatures de Pascal, reproduites en *fac-simile* au nombre de quatre[2], sont identiques dans leurs caractères essentiels, quoiqu'elles appartiennent à diverses époques de la vie de Pascal.

1. On a prétendu que l'écriture du manuscrit des *Pensées* était altérée à tel point par suite de l'état de maladie et de faiblesse de l'auteur, qu'elle ne pouvait servir de terme de comparaison : c'est une complète erreur, ainsi que je l'explique *Appendice*, n° X.

Je signale particulièrement à l'examen des lecteurs :

1° Les fac-simile G et H, reproduisant en partie l'écrit trouvé dans le vêtement de Pascal, après sa mort. L'écriture de Pascal et celle du faussaire sont là en présence; la confrontation peut se faire mot par mot, lettre par lettre. — En marge de la pièce appartenant à la collection de M. Chasles se trouvent deux lignes prétendues de la main de Newton et qui sont également l'œuvre du faussaire : elles n'ont aucune analogie avec l'écriture de Newton.

2° Le fac-simile, Q, d'une prétendue lettre de Pascal à Boyle : le copiste ayant écrit par deux fois *vôtre* au lieu de *vostre*, s'est corrigé sans façon au moyen d'une surcharge.

2. Fac-simile A, B, C et D.

La première est du commencement de 1643, la quatrième, et très-probablement la dernière qu'il ait écrite, est prise sur son testament qui est daté du 3 août 1662, c'est-à-dire quinze jours seulement avant sa mort[1]. Or, il suffit de comparer ces signatures avec celles qui appartiennent à la collection de M. Chasles[2] pour reconnaître que celles-ci sont fausses.

Quand je publiai, en 1844, la première édition exacte et complète des *Pensées* de Pascal, je donnai le *fac-simile* des deux premières signatures que je reproduis aujourd'hui[3]; j'y ajoutai le *fac-simile* d'une signature d'une écriture beaucoup plus fine et d'un caractère tout différent, qui se trouvait au bas d'une lettre qui m'avait été communiquée par M. Renouard l'ancien libraire. Cette lettre était presque entièrement indéchiffrable, et je reconnus, en l'étudiant plus à loisir, peu de temps après avoir publié mon édition, qu'elle était l'œuvre d'un faussaire. Celui-ci, à la différence du fabricateur des documents possédés par M. Chasles, avait assez habilement imité l'apparence matérielle de l'écriture de Pascal, sans chercher d'ailleurs à donner aucun sens ni souvent même aucune forme arrêtée et lisible aux caractères qu'il traçait; en sorte que le lecteur rencontrait à chaque instant des traits complétement chimériques, et se trouvait finalement dans l'impossibilité de rétablir aucune phrase suivie, avec les mots épars çà et là qu'il était à grand'peine parvenu à déchiffrer[4]. Quant à la signature apposée au bas de cette lettre, elle est de pure

1. Pascal mourut le 19 août 1662. Son testament fut reçu par deux notaires dont les signatures accompagnent celle de Pascal dans le fac-simile. Cet acte précieux fut retrouvé, sur mes indications, en 1846, dans l'étude de M. H. Yver, notaire à Paris.

2. Fac-simile H, O et P.

3. Fac-simile A et B.

4. Cette lettre fausse, qui fut vendue après le décès de Renouard, appartient aujourd'hui à M. Feuillet de Conches. J'en possède un fac-simile que je fis faire à titre de curiosité, au moment de la restituer à M. Renouard.

fantaisie, le fabricateur n'ayant jamais eu occasion évidemment de voir la véritable signature de Pascal, qui ne se trouve point en effet dans le manuscrit des *Pensées*, le seul, jusqu'à mon édition, auquel on eût emprunté des *fac-simile*.

J'entre dans ces détails minutieux, parce que le fabricateur des nouveaux documents s'est attaché à reproduire comme plus facile, la prétendue signature apposée au bas de la lettre fausse dont je viens de parler[1]. Comme j'ai pour la première fois donné le fac-simile de cette petite et fausse signature: c'est à mon édition que le faussaire a dû l'emprunter[2].

M. Chasles, après avoir fait remarquer que les prétendus écrits de Pascal qu'il possède offrent à son avis les diverses signatures dont mon édition contient les fac-simile, fait la remarque suivante : « *La petite signature* se présente beaucoup plus souvent que les deux premières, et *paraît les avoir remplacées* vers 1648[3].... La petite signature et la plus simple, sans paraphe, *me paraît être devenue à peu près la seule à partir d'une certaine époque,* 1649 *ou* 1650 *environ*[4]. »

L'assertion émise par M. Chasles que Pascal aurait fini par adopter *la petite signature* soit vers 1648, soit vers 1650, est absolument gratuite; cette petite signature n'a jamais été celle de Pascal, en l'empruntant au fac-simile que j'avais donné en quelque sorte *provisoirement et sauf plus ample examen,* en 1844, le faussaire a été trompé et cela par ma

1. Fac-simile H et O.

2. On peut en conclure que les documents acquis par M. Chasles ont été fabriqués postérieurement à 1844. M. Chasles lui-même m'a dit qu'il n'en avait fait l'acquisition que depuis la publication de mon édition des *Pensées*. Une autre information indirecte, mais que j'ai tout lieu de croire exacte, m'apprend que cette acquisition n'aurait pas plus de deux ans de date. C'est ce qui explique comment le savant géomètre n'a pas entretenu plus tôt l'Académie de documents qui avaient à ses yeux une si grande importance.

3. Séance du 26 août. — *Comptes rendus*, p. 333.

4. Séance du 2 septembre. — *Comptes rendus*, p. 377.

faute, j'en conviens très-volontiers; et il s'est emparé d'autant mieux de cette signature, qu'elle était, je le répète, beaucoup plus facile à imiter que la véritable signature de Pascal, celle dont il s'est servi à toutes les époques de sa vie et qui figure sur son testament.

Du reste, le faussaire, qui fait preuve dans toutes ses opérations de beaucoup de prévoyance ou de vigilance, a eu soin d'ajouter à plusieurs des documents fabriqués par lui une signature qui prétend à imiter celle de Pascal[1]; mais c'est une imitation grossière, et qui ne peut soutenir un examen tant soit peu attentif.

En résumé, ceux des prétendus écrits de Pascal, extraits de la collection de M. Chasles, dont on trouvera les fac-simile à la fin de ce Mémoire, sont manifestement faux, si on les considère sous le rapport graphique; et comme, de l'aveu de M. Chasles lui-même, toutes les pièces qui, dans cette collection, sont attribuées à Pascal, sont d'une même écriture[2], il s'ensuit que toutes ces pièces sont également fausses.

La vérification graphique ne permet pas davantage d'admettre l'authenticité des pages qui figurent dans la collection de M. Chasles, comme émanées des sœurs de Pascal; je m'en réfère, à cet égard, à la comparaison des fac-simile[3].

1. Voir les fac-simile P et Q. — Cette vue suffit pour montrer la falsification de l'écriture et de la signature; mais ce que le fac-simile ne peut malheureusement pas reproduire, c'est l'aspect du papier et surtout celui de l'encre dont la fraîcheur bleuâtre décèle une date toute récente.

2. Voir plus haut, p. 18.

3. Voir d'une part, les fac-simile I et L, et de l'autre les fac-simile J, K, M et N. Je ne parle ici que du caractère graphique des documents. Je ferai remarquer cependant que la prétendue lettre de la sœur aînée (fac-simile J) de Pascal porte une signature, non-seulement graphiquement fausse, mais tout à fait inexacte; la sœur de Pascal signait : G. PASCAL, et non PASCAL, F. PERRIER, et le nom de *Perier* qui était celui de son mari, ne s'écrivait jamais avec deux R.

J'ajouterai, et cette observation que j'ai eu l'honneur de présenter déjà à l'Académie me paraît complétement justifiée par un examen attentif des prétendus autographes de Pascal et de ses sœurs, que les uns et les autres ont été écrits par une seule main: évidemment le copiste a cherché à varier son écriture, la faisant, par exemple, plus fine, quand il écrit au nom de Pascal; mais, au fond, c'est le même caractère, et, comme je l'ai dit plus haut, une falsification sur une si vaste échelle fût devenue impossible, si le faussaire s'était astreint à la reproduction exacte des diverses écritures.

Je vais plus loin, et je n'hésite pas à étendre la même observation à tous ceux des documents de la collection de M. Chasles que j'ai eu occasion d'examiner, aux lettres de Jacques II, par exemple[1], et à celles de Rotrou[2].

Enfin, et la logique est ici d'accord avec divers témoignages qui me sont parvenus, j'ai tout lieu de croire que les pièces composant la collection acquise par M. Chasles, ont été toutes écrites par une seule et même main. C'est un travail considérable, sans aucun doute; mais il est facile de l'expliquer au moyen d'une hypothèse qui n'a rien que de très-vraisemblable. C'est que cette immense fabrication a été l'œuvre de deux personnes : l'une qui imaginait, compulsait, compilait, composait, rédigeait, faisait parler les nombreux personnages qu'il s'agissait de mettre en scène et d'accorder ensemble; l'autre qui remplissait le rôle plus modeste de copiste.

Que M. Chasles, au lieu de se borner, comme il l'a fait jusqu'à présent, à montrer les pièces de sa fantastique collec-

1. Voir le *fac-simile* R, reproduisant une des fausses lettres de Jacques II.

2. Ces prétendues lettres de Rotrou ont été communiquées par M. Chasles à l'Académie, dans la séance du 8 juillet. Elles sont aujourd'hui à la bibliothèque de l'Institut.

tion à quelques visiteurs complaisants, à des savants fort distingués d'ailleurs, mais sans compétence en pareille matière, à des érudits très-capables d'en juger, mais trop polis pour ne pas craindre de le contredire et de l'attrister, que M. Chasles ait le courage de soumettre sa collection tout entière à une expertise régulière des écritures, et je suis d'avance assuré que le résultat de cette épreuve confirmera les jugements et les conjectures que je viens d'émettre.

III

C'est qu'en effet, ma conviction n'est pas fondée seulement sur l'examen graphique auquel je me suis livré, du moins en ce qui concerne Pascal, les sœurs de ce grand homme et Jacques II; mais elle repose sur les divers ordres de considérations qui peuvent être invoqués en un pareil sujet, et que j'ai sommairement indiqués à l'Académie des sciences [1].

Je me suis demandé, en second lieu, si Pascal avait eu à sa disposition les données qui lui eussent été nécessaires pour découvrir les lois de la gravitation; puis, laissant la solution de cette question aux savants que l'Académie compte dans son sein, j'ai interrogé les œuvres et la biographie de Pascal, et j'y ai trouvé la preuve que ce grand esprit, qui eût sans doute été capable de devancer Newton dans la découverte des lois de la gravitation universelle, n'avait en réalité, à aucune époque de sa vie, dirigé ses efforts dans cette voie. Je vais compléter par quelques développements l'exposé que j'ai présenté sur ce point à l'Académie.

1. *Appendice*, n° VI.

Parmi les écrivains du dix-septième siècle, il n'en est aucun dont l'héritage intellectuel ait été recueilli, et, en quelque sorte, inventorié avec autant de sollicitude que celui de Pascal.

Il y avait bien des raisons pour qu'il en fût ainsi, indépendamment de la grande réputation que lui avaient acquise la force et l'éclat de son génie.

Objet d'admiration autant que de tendre affection de la part des membres de sa famille et de ses amis; étroitement lié avec la Société de Port-Royal, qui le considérait comme un des siens et s'intéressait à sa gloire comme à la sienne propre, Pascal, de son vivant, était déjà en possession de l'estime due aux grands hommes. Sa mort prématurée accrut encore l'énergie des sentiments dont il était l'objet, et le moindre des écrits sortis de sa plume fut recherché et conservé par la piété domestique comme une relique sacrée.

C'est ainsi que furent recueillis par Mme Perier, sa sœur, et par ses neveux, les fragments qui sont devenus le livre célèbre des *Pensées*, et un certain nombre d'écrits sur divers sujets de physique et de mathématiques.

Les ouvrages posthumes de Pascal et les livres composant sa bibliothèque passèrent d'abord aux mains de sa sœur, puis aux fils de celle-ci, et enfin à Marguerite Perier, sa nièce, qui survécut à tous les membres de sa famille, et mourut en 1733, à l'âgé de 87 ans.

Dès 1711, l'abbé Perier, chanoine de l'église de Clermont, d'accord avec sa sœur Marguerite, avait déposé à l'abbaye de Saint-Germain-des-Prés, à Paris, trois manuscrits de Pascal, c'est-à-dire : le recueil des *Pensées*, un volume contenant plusieurs pièces sur la Grâce et le Concile de Trente, enfin un Abrégé de la Vie de Jésus-Christ.

Plus tard, Marguerite Perier, restée seule, et voulant assurer après elle la conservation des précieuses archives dont elle restait encore dépositaire, les donna en partie à la communauté des Oratoriens de Clermont, et en partie au Fr. Jean Guerrier, religieux bénédictin, prieur de l'abbaye de Saint-Jean-d'Angely. C'est ainsi que la plupart des livres qui avaient appartenu à Pascal passèrent dans la bibliothèque de cette abbaye[1].

Un prêtre de l'Oratoire de Clermont, le P. Guerrier, neveu du bénédictin du même nom, ami et allié de Marguerite Perier, avait fait une étude particulière de tous les écrits de Pascal. Il avait pris copie de ceux qui étaient déposés dans la communauté de l'Oratoire, et qui étaient alors inédits. Enfin, il s'était appliqué à dresser un catalogue complet de tous les écrits de Pascal, soit imprimés, soit manuscrits, y compris même les lettres dont la minute ou une copie avait été conservée.

J'ai retrouvé ce document intéressant dans les recueils manuscrits du P. Guerrier, et je l'ai publié en 1844[2]. Il contient l'énumération exacte et minutieuse de tout ce qui était sorti de la plume de Pascal. On y rencontre même l'indication de quelques ouvrages de Pascal, aujourd'hui perdus, tels, par exemple, qu'un traité de géométrie qu'il n'avait pas achevé, et divers opuscules touchant les *Coniques*, qui avaient été communiqués, en 1676, par Étienne Pascal, neveu de Pascal, à Leibniz qui se trouvait alors à Paris[3].

Dans cet inventaire, fait comme on voit de première main,

1. Plusieurs de ces volumes sont aujourd'hui en ma possession ; les pièces dont ils se composent sont relatives à des matières de théologie, et Pascal avait dû s'en servir quand il écrivit les *Provinciales*. Quelques-unes de ces pièces portent des notes de la main de Pascal.

2. *Pensées, Fragments et Lettres de Blaise Pascal*. Paris, 1844. Tome I, page 424. J'ai fait connaître pour la première fois dans l'*Introduction* de cet ouvrage (pages XLIX et suiv.) l'existence et l'importance des Recueils du P. Guerrier.

3. Le P. Guerrier renvoie, pour ces écrits sur les *Coniques*, à une lettre de Leibniz, qui les mentionne en détail, et dont il a conservé une copie dans ses Recueils, où le premier éditeur des *Œuvres complètes de Pascal*, l'abbé Bossut, l'a prise pour la publier. Tome V, page 459.

et parfaitement authentique, de tous les écrits de Pascal, tant imprimés que manuscrits, il n'y a absolument rien qui permette de croire que ce grand esprit se soit jamais occupé, comme le supposent les nouveaux écrits que l'on prétendrait lui attribuer, d'étudier les phénomènes de l'électricité et du fluide magnétique, ou ceux de l'attraction, et encore moins de rechercher les lois de l'attraction universelle[1].

Comment croire que si Pascal avait porté son application sur ces diverses branches de la philosophie naturelle, on n'en retrouverait pas la moindre trace dans aucune de ses œuvres déjà connues, ni dans les traditions si pieusement conservées par sa famille et par ses amis? dans sa *Vie*, écrite par Mme Perier, sa sœur, ou dans la *Préface* placée en tête des *Traités de l'équilibre des liqueurs et de la pesanteur de la masse de l'air*, publiés en 1663, un an après la mort de Pascal, par son beau-frère, M. Perier?

Après avoir rappelé que Pascal en était venu, depuis bien des années, *à faire peu d'état des sciences et à penser qu'il n'y avait que la seule religion qui fût un digne objet de l'esprit de l'homme*, M. Perier ajoute ce qui suit :

« Mais il n'est pas étrange que ses amis, qui se voyent privez par sa mort de l'espérance de plusieurs *ouvrages très-considérables auxquels il avoit dessein de s'employer tout entier pour le service de l'Eglise*, regardent d'une autre manière *le peu d'écrits qu'il leur a laissez;* et qu'ainsi ils se soient plus facilement portez à les donner au public.

1. Indépendamment du grand nombre de notes, de lettres, d'écrits scientifiques de toute sorte, la collection acquise par M. Chasles renferme d'autres ouvrages également prétendus de Pascal, parmi lesquels figurent les deux suivants : *Vie de sainte Catherine de Sienne*, composée pour sa sœur Jacqueline, et *Traité du jeu de trictrac*, qu'il aurait écrit à l'usage de sa sœur aînée, Mme Perier!...

Le lecteur comprendra que si je m'abstiens de parler de ces diverses compositions, c'est parce que je désire ne pas allonger démesurément ma discussion et surtout lui conserver autant que possible le caractère de gravité qui doit lui appartenir.

« Car dans le regret de la perte qu'ils ont faite, *tout ce qui leur reste de luy leur est précieux ;* parce qu'il leur renouvelle le souvenir d'une personne qui leur a été si chère par tant de raisons, et qu'ils y entrevoyent toujours quelques traits de cette éloquence inimitable avec laquelle il parloit et écrivoit sur les sujets qui en sont capables....

« Que s'ils portent cette veuë plus loin, et qu'ils se représentent ce que pouvoit produire une lumière et une pénétration d'esprit admirables, jointes à une abondance prodigieuse de pensées rares et solides, et d'expressions vives et surprenantes lorsqu'il avoit pour objet, non des spéculations peu utiles, comme celles de ces deux Traitez, mais les plus grandes et les plus hautes véritez de nostre religion, ils se pourront former quelque idée de ce qu'eût pu faire M Pascal, s'il eût vécu plus long-temps, *dans les ouvrages qu'il s'estoit proposé de faire, et dont il n'a laissé que de légers commencemens qui ne laisseront pas d'estre admirez*, si on les donne jamais au public.

« Mais quoique depuis l'année 1647 jusqu'à sa mort il se soit passé près de quinze ans, on peut dire néanmoins qu'il n'a vécu que fort peu de temps depuis, ses maladies et ses incommoditez continuelles luy ayant à peine laissé deux ou trois ans d'intervalle, non d'une sante parfaite, car il n'en a jamais eu, mais d'une langueur plus supportable, et dans laquelle il n'estoit pas entièrement incapable de travailler.

« C'est dans ce petit espace de temps qu'il a écrit tout ce qu'on a de luy, tant ce qui a paru sous d'autres noms, *que ce que l'on a trouvé dans ses papiers, qui ne consiste presque qu'en un amas de pensées détachées pour un grand ouvrage qu'il méditoit*, lesquelles il produisoit dans les petits intervales de loisir que luy laissoient ses autres occupations, ou dans les entretiens qu'il en avoit avec ses amis. Mais quoique ces pensées ne soient rien en comparaison de ce qu'il eust fait, s'il eust travaillé tout de bon à ces ouvrages, on s'asseure néanmoins que si le public les voit jamais, il ne se tiendra pas peu obligé à ceux qui ont pris le soin de les recueillir et de les conserver, et qu'il demeurera persuadé que *ces Fragmens, tout informes qu'ils sont*, ne se peuvent trop estimer, et qu'ils donnent des ouvertures aux plus grandes choses, et auxquelles peut-estre on n'aurait jamais pensé. »

Il ressort aussi clairement que possible de ce passage : d'abord que la famille de Pascal mettait un zèle extrême à recueillir et même à publier ses écrits posthumes ; ensuite « que ce que l'on avait trouvé dans ses papiers ne consistait presque qu'en un amas de pensées détachées pour un grand ouvrage qu'il méditait. »

Ce *grand ouvrage*, comme chacun sait, n'était autre qu'une *Apologie de la religion*, et aucun doute n'est permis à cet égard. Quant aux fragments trouvés parmi les papiers de Pascal et qui pour la plupart avaient été écrits, comme le dit M. Perier, en vue du même ouvrage, ils sont devenus le livre célèbre des *Pensées*, publié pour la première fois en 1670, et d'une façon tout à fait complète en 1844 seulement. On ne voit donc pas comment un membre de l'Académie des sciences a cru pouvoir affirmer qu'il était question dans le même passage que je viens de citer, d'*écrits scientifiques inédits laissés par Pascal*[1].

Il me reste à dire, pour ne rien laisser sans réponse, que M. Chasles dès le début même des communications qu'il a faites à l'Académie, a cité une pièce authentique, une seule, prise en dehors de sa collection: mais on va voir que cette citation même a été le résultat d'une erreur, et ne peut être ici d'aucun poids. Après avoir avancé dans la séance du 15 juillet 1867[2], que « Pascal s'était beaucoup occupé de la recherche des lois de l'attraction et qu'il les avait connues, » M. Chasles ajoute :

« Il paraît que ces questions ont préoccupé vivement Pascal. *Il en parlait en* 1636, *quand il avait à peine treize ans*, dans une lettre écrite en commun avec Roberval, imprimée dans les Œuvres de Fermat. »

Il y a, en effet, dans les Œuvres de Fermat une lettre qui porte le titre et la date suivants : *Lettre de MM. de Pascal et de Roberval à M. de Fermat. A Paris le* 16 *aoust* 1636.

1. Voici, en effet, l'interprétation que M. Blanchard a donnée de ce passage dans la séance du 26 août 1867 :

« Cet écrit, a-t-il dit, en parlant de la Préface de M. Perier, ne suffit pas sans doute à prouver l'authenticité des documents aujourd'hui en la possession de M. Chasles, mais *il apporte la preuve irrécusable* que Pascal a laissé des écrits *ayant trait aux sciences*, des fragments « qui donnent des ouvertures aux plus grandes choses. » (*Comptes rendus* de 1867, page 329) »

2. *Comptes rendus*, page [illegible].

Et on y trouve ce passage qui a été en partie cité par M. Chasles :

« Nous ignorons quelle est la cause radicale qui fait que les corps pesants descendent, et quelle est l'origine de leur pesanteur....

« La diversité des opinions touchant l'origine de la pesanteur des corps, aucune desquelles n'a esté jusques icy ny démontrée ny convaincue de fausseté par démonstration, est un ample témoignage de l'ignorance humaine en ce point.

« La commune opinion est que la pesanteur est une qualité qui réside dans le corps même qui tombe. D'autres sont d'avis que la descente des corps procède de l'attraction d'un autre corps qui attire celuy qui descend, comme de la terre. Il y a une troisième opinion, qui n'est pas hors de vray-semblance; que c'est une attraction mutuelle entre les corps, causée par un désir naturel que ces corps ont de s'unir ensemble ; comme il est évident au fer et à l'aimant, lesquels sont tels, que si l'aimant est arresté, le fer ne l'étant pas l'ira trouver; et si le fer est arresté, l'aimant ira vers lui ; et si tous deux sont libres, ils s'approcheront réciproquement l'un de l'autre [1].... »

Même en supposant que Pascal eût écrit la lettre dont on vient de lire un extrait, il ne s'ensuivrait pas nécessairement qu'il se fût occupé de l'attraction qui préside aux mouvements des mondes, puisqu'il s'agit seulement dans la lettre à Fermat de la pesanteur des corps à la surface de la terre. Mais c'est à tort que M. Chasles l'attribue à Blaise Pascal, qui n'y eut aucune part.

Cette assertion erronée avait déjà été émise par l'*Encyclopédie générale allemande*, dans laquelle il est dit à l'article Pascal : « Il fit de tels progrès dans l'étude des mathématiques, qu'à seize ans il composa un traité sur les Sections coniques, qui excita l'étonnement des mathématiciens les plus distingués. Bien plus, dès l'âge de quinze ans [2], il avait, dans une

1. Varia opera mathematica D. Petri de Fermat, senatoris Tolosani, etc. — Tolosæ, 1679 ; page 125; cette lettre, qui est une véritable dissertation, n'occupe pas moins de six pages in-folio.

2. Pascal n'avait que treize ans en 1636; mais l'erreur que commet içi l'auteur allemand est sans aucune importance, du moment que le fait principal est erroné.

lettre adressée à Fermat, émis sur la pesanteur des corps des idées qui contiennent le germe de ces découvertes, qui firent plus tard de Newton le plus grand homme de son époque[1]. »

Ce n'est pas Blaise Pascal, mais Étienne Pascal, son père, qui écrivit en commun avec Roberval, la lettre adressée à Fermat, le 16 août 1636.

Il y avait alors à Paris plusieurs mathématiciens distingués, au nombre desquels figuraient Mersenne, Roberval, Le Pailleur, Desargues, Montholon, Carcavi, Beaugrand et Étienne Pascal, habituellement désigné sous le nom de *président Pascal*[2]. Ces savants formaient une sorte d'association qu'ils appelaient eux-mêmes « la Compagnie, » et qui a été l'origine de l'Académie des sciences. Ils se réunissaient tour à tour chez chacun d'eux, et les documents contemporains attestent la part très-active que Pascal, le père, prenait à ces réunions. Je me bornerai à citer l'extrait suivant d'une *Lettre de M. de Roberval à M. de Fermat*.

« Du 4 avril 1637.

« Quoy que j'eusse receu des lundy dernier votre démonstration du lieu plan, néantmoins mes occupations tant publiques que particulières ne me permirent point de la considérer jusques à jeudy que je la présentay de vôtre part à l'Assemblée de nos mathématiciens qui étoit ce jour-là chez Monsieur de Montholon conseiller, où elle feut receue, Considérée, admirée avec étonnement des esprits, et vôtre nom élevé jusques au ciel, avec charge particulière à moy de vous remercier au nom de la Compagnie.... Cependant il y eût débat à qui auroit vôtre écrit pour en tirer copie, chacun m'enviant le bonheur de la communication que j'ay avec vous : mais *Monsieur le Président Pascal*, à qui le premier je l'avois mis entre les mains et qui l'aveit leu à la Compagnie, donna arrest en sa faveur, se fondant sur la maxime *qui tenet teneat*, et pour faire droit aux parties intéressées, se chargea luy-même de leur en fournir copie, ordonnant que puis après l'original me seroit remis entre les mains[3]. .. »

1. *Allgemeine deutsche Real-Encyklopädie für die gebildeten Stände*. — Neunte Originalauflage. Leipzig, F. A. Brockaus, 1846.

2. Étienne Pascal, avant de venir s'établir à Paris pour l'éducation de ses enfants, était président de la cour des aides à Clermont-Ferrand.

3. Cette lettre intéressante se trouve dans les œuvres de Fermat, page 152.

C'est Roberval lui-même qui atteste ici, et l'intimité de ses relations scientifiques avec Pascal le père, et la considération dont celui-ci jouissait au sein de la Compagnie.

S'il est tout naturel dès lors que Roberval ait écrit en commun avec Étienne Pascal, la lettre adressée à Fermat, n'est-il pas contraire à toute vraisemblance de supposer que ce savant qui, par sa qualité de professeur au Collége de France, occupait le premier rang parmi les membres de la Compagnie, eût accepté la collaboration d'un enfant, en supposant que cet enfant eût été capable de la lui offrir?

Admettons un instant qu'il en ait été ainsi : n'est-il pas, en ce cas, évident que Roberval, correspondant habituel de Fermat, n'aurait pas manqué de signaler au savant Conseiller du Parlement de Toulouse, cette collaboration extraordinaire, et de lui dire qu'il n'avait pas affaire cette fois à M. le *président Pascal*, mais à son fils âgé de treize ans? Le fait eût bien valu la peine d'être remarqué.

Les prétendus écrits dans lesquels Pascal aurait traité des matières touchant à l'attraction et aux sciences astronomiques se présentent donc sans autre appui que celui que le faussaire a pris soin lui-même de leur ménager dans des documents expressément fabriqués pour cet objet.

IV

Pascal a écrit cette ligne incomparable qui montre que nul n'avait regardé plus avant dans les incompréhensibles profondeurs de l'univers :

« Le silence éternel de ces espaces infinis m'effraye[1]. »

Il avait apporté dans cette contemplation le sentiment du moraliste; il y avait cherché la pensée de l'infini; mais il était resté complétement étranger aux sciences astronomiques, et n'aurait pu dès lors être ni le précurseur, ni l'inspirateur de Newton.

M. Chasles, sur la foi de ses mystérieux documents, veut qu'il en ait été autrement, et il s'exprime ainsi :

« La question dominante dans cette longue polémique, je l'ai dit dès le premier jour où est intervenu sir David, et répété depuis plusieurs fois, est de savoir s'il a existé des relations entre Pascal et Newton[2]. »

Si telle était, de l'avis de M. Chasles, la principale question à éclaircir, il est permis de lui demander sur quelle autorité il s'est fondé pour la résoudre affirmativement ainsi qu'il l'a fait. Y a-t-il, en dehors des documents venus en sa possession, quelque témoignage acceptable à un degré quelconque pour tout le monde? Il n'y en a pas un seul.

M. Chasles se contente de dire que cette première partie de la vie de Newton n'est pas connue, et à l'appui de cette affirmation il produit les prétendues lettres qui auraient été échangées entre Newton et Pascal.

On lui objecte que ces lettres sont fausses : il répond en empruntant d'autres lettres à sa même collection: c'est-à-dire qu'il affirme encore et toujours, sans jamais prouver. Le procédé est étrange, surtout de la part d'un géomètre.

Cependant si jamais des preuves furent nécessaires, n'est-ce pas lorsqu'il s'agit de documents qui sont en opposition non-seulement avec les faits les mieux consacrés, mais avec la vraisemblance et le sens commun?

Quoi de moins vraisemblable, en effet, que de supposer que

1. *Pensées, Fragments et Lettres* de Pascal, tome I, page 224.
2. Séance du 21 octobre 1867. — *Comptes rendus*, page 660.

Newton, à peine âgé de onze ans, ait écrit à Pascal « une lettre accompagnée d'un mémoire traitant du calcul de l'infini, un autre sur le système des tourbillons, et un troisième sur l'équilibre des liqueurs et la pesanteur? »

Voilà cependant ce qui se trouve annoncé dans une prétendue lettre que Pascal aurait écrite le 6 janvier 1654, à Robert Boyle [1] pour le prier de lui donner « quelques renseignements sur ce *jeune savant* si précoce. »

Pascal aurait écrit pareillement à un autre Anglais, à Aubrey, pour le même objet, car voici ce que cet érudit lui répond le 12 mai 1654. Le faussaire entre de plus en plus dans le domaine de la fiction; je recommande ce document au bon sens du lecteur.

AUBREY A PASCAL[2].

Le 12 may 1654. — Me suis rendu, suivant vostre désir, auprès du jeune Isaac Newton, et me suis entretenu longuement avec luy. Il est fort jeune encore, car à peine a-t-il onze ans, et pourtant il raisonne fort sciemment sur les mathématiques et la géométrie. Je luy demanday de qui il tenoit les premières notions de ces sciences, et qui les lui avoit initiées.

Il me conta qu'en la maison de son père étoit venu habiter pendant quelque temps un François, bon amy de son dit père, et qui lui enseigna les premiers principes du françois, et qu'il lui avoit aussy enseigné les premiers éléments de géométrie; et qu'un jour il luy fit un tant bel éloge de Descartes, dont on venoit d'apprendre la mort, que cela luy donna l'idée d'estudier dans les livres de ce grand philosophe et mathématicien tout à la fois; et qu'alors cherchant partout les moyens de bien approfondir les connoissances de ce sçavant françois, il eut recours à vous, dont il avoit aussy entendu faire l'éloge. Voilà comment il luy a pris envie de vous escrire. Il a aussy escrit, m'a-t-il dit, à Gassendi, mais celuy-cy ne luy a encore rien répondu. Je puis donc vous assurer, monsieur, que le jeune estudiant de l'école de Grantham est digne d'intérest, et qu'il est de bonne maison, mais orphelin de père. Voilà ce que j'ay à vous apprendre, monsieur, et suis votre bien affectionné.

Le faussaire en écrivant cette lettre, qui est empreinte

1. Séance du 29 juillet 1867. — *Comptes rendus*, page 189.

2. Communiquée par M. Chasles, dans la séance du 12 août 1867. — *Comptes rendus*, page 254.

d'une bonhomie niaisement affectée, a oublié que le père de Newton mourut peu de mois après son mariage, c'est-à-dire en 1642, laissant sa femme enceinte d'Isaac qui naquit le 25 décembre de la même année. Il n'était donc pas possible que Newton eût vu *dans la maison de son père*, ce Français *bon ami de son dit père*, qui aurait été son premier maître et lui aurait fait l'éloge de Descartes *dont on venait d'apprendre la mort*.

Descartes mourut le 11 février 1650; Newton n'avait alors qu'un peu plus de sept ans. Comment admettre que l'on ait entretenu un enfant de cet âge des mérites de Descartes et de Pascal, et que cet enfant ait prêté à son interlocuteur tant de sérieuse attention? Un fait aussi extraordinaire ne pourrait s'expliquer que par un vrai miracle de précocité de la part du jeune Isaac Newton. Malheureusement pour l'inventeur de cette légende romanesque, Newton ne fut point un enfant prodigieux, ainsi que le furent Pascal et Huyghens. Le vénérable historien de sa vie, sir David Brewster, ne laisse aucun doute à ce sujet[1]. Il nous apprend que Newton, envoyé à l'école publique de Grantham à l'âge de douze ans, ne s'occupait pas alors de mathématiques, mais se plaisait à faire des cerfs-volants, des petits moulins et des cadrans solaires. Il était fort inattentif à ses études scolaires et figurait dans les derniers rangs parmi les élèves de sa classe. Ce n'est que plus tard qu'il se piqua d'émulation et commença à montrer la puissance de ses facultés.

A ce témoignage du savant qui a recueilli avec le plus de

1. Memoirs of the life, writings, and discoveries of sir Isaac Newton, by sir David Brester. Edinburgh, 1855, tome Ier, page 7. — Voir aussi dans le journal « *The scotsman*, » du 11 septembre 1867, la lecture faite par sir David, à la « British association for the advancement of science. »

M. Brewster est mort à l'âge de 87 ans, le 11 février dernier, presqu'au moment où j'écrivais cette page.

soin tout ce qui se rapporte à Newton, on pourrait, au besoin, ajouter les lignes suivantes de lord Brougham. Je les emprunte au discours qu'il prononça lors de l'inauguration du monument érigé en l'honneur de Newton, à Grantham.

« C'est une remarque souvent faite et qui se présente d'elle-même, dit-il, que le génie de Newton ne s'est pas manifesté de très-bonne heure. Au rebours de ce qu'on voit dans quelques grands esprits et dans un plus grand nombre d'esprits ordinaires, ses facultés ne furent pas précoces[1]. »

Il était bien difficile d'aller à l'encontre d'un fait consacré par l'irrécusable notoriété du monde savant en Angleterre. Aussi le fabricateur de la lettre d'*Aubrey à Pascal* n'a-t-il pas tardé lui-même à s'apercevoir de la choquante invraisemblance de son invention; et avec cette fécondité d'expédients qui ne lui fait jamais défaut, il s'est avisé de mettre en scène un prétendu *professeur* d'Isaac Newton.

Ce personnage nouveau, mystérieux, sans nom, aurait été le collaborateur du jeune écolier. Écoutons M. Chasles:

« M. Faugère s'étonne, dit le savant géomètre[2], que Pascal ait correspondu avec Newton, *alors ignoré et confondu dans la foule des enfants de son âge*. Mais c'est cet enfant qui, par l'initiative et sous la direction de son professeur, est sorti de la foule pour s'adresser à Pascal et lui demander d'être son guide. On a vu que Pascal avait eu des doutes, des craintes d'une mystification, qu'il avait demandé des renseignements, notamment à Boyle, et que c'est après information qu'il a écrit au jeune écolier. Il a pu penser néanmoins que les premières lettres de celui-ci et les questions qu'elles renfermaient étaient en grande partie l'œuvre du professeur. Il

1. *Deux discours, l'un sur la littérature populaire, l'autre sur le monument élevé à sir Isaac Newton*, par lord Brougham, membre de l'Institut de France. Paris, Michel Levy, 1859, page 32.

La même observation se retrouve dans l'ouvrage plein d'intérêt que M. J. Bertrand a publié sous ce titre : *Les Fondateurs de l'Astronomie moderne. — Isaac Newton et ses travaux.*

2. Séance du 2 septembre 1867. — *Comptes rendus*, p. 383.

sut bientôt qu'il en était ainsi; car je trouve dans une lettre qu'il écrit à Wallis ce passage :

PASCAL A WALLIS.

« Ce 29 aoust. — A propos de ce jeune estudiant (Newton), pouvez-vous me donner de ses nouvelles, et principalement de ses dispositions. Quelques amis m'ont assuré que les lettres qu'il m'a escrites et les questions qu'il m'a soumises émanoient autant et peut-être plus de son professeur que de lui. *Je serois bien aise d'avoir un renseignement bien exact là-dessus*[1]. Vous pourrez peut-être me donner ce renseignement. J'attends votre réponse au plus tost. »

« Pascal avait été bien renseigné. On le voit par une lettre de Desmaizeaux à Fontenelle, qui roule sur la jeunesse de Newton, et dont voici un extrait :

DESMAIZEAUX A FONTENELLE.

« Ce 20 octobre 1727. — Celui-cy (le professeur) conseilla à son jeune élève d'escrire une lettre à M. Pascal, et de lui soumettre quelques questions géométriques ou problèmes à résoudre. C'estoit le meilleur moyen, disoit-il, d'obtenir une réponse. La lettre fut donc préparée de concert avec le professeur ainsi que les questions et envoyée par le jeune Newton encore estudiant, à M. Pascal. Celui-cy *trouvant* sans doute la lettre et les questions extraordinaires pour un enfant, *et qui se rappela* peut estre que lui aussy avoit été un enfant précoce, *ardent d'apprendre*, cherchant partout des maistres pour s'instruire, fit donc une réponse au jeune Newton. Ce fut ainsi que *commença* les relations de ces deux génies, relations qui ont duré jusqu'à la mort de M. Pascal. Je veux bien croire que le professeur du jeune Newton y prenoit part. Il ne pouvoit estre autrement; quoiqu'il en soit, et M. le chevalier Newton me l'a avoué lui-mesme, ce sont ces relations qui l'*ont initié* et engagé à suivre la carrière des sciences....[2] »

Ce professeur serait assez bien imaginé, s'il n'avait le tort de venir trop tard, après la prétendue lettre d'Aubrey, dans laquelle, ainsi qu'on vient de le voir, le *jeune Isaac Newton* apparaît seul, conversant *longuement* avec Aubrey, et raison-

1. Quel style prêté à Pascal !... Sans compter que le mot *renseignement* n'existait pas encore à cette époque.

2. Les fautes de toute sorte qui se trouvent dans cette lettre et que j'indique par des italiques n'auraient pas été commises par le véritable Desmaizeaux qui écrivait purement sa langue maternelle.

nant *fort sciemment* sur les mathématiques et la géométrie.... sans le secours d'autrui[1]. En voyant évoquer d'une manière si imprévue un personnage qui joue ici un rôle aussi important, on se demande pourquoi M. Chasles a attendu jusque-là pour en parler? — Ne serait-ce pas tout simplement que les nouveaux documents qu'il cite ne lui avaient pas encore été livrés lorsqu'il révéla pour la première fois à l'Académie, en juillet dernier, la correspondance de Newton avec Pascal? On ne comprendrait pas, en effet, qu'il n'en eût pas fait mention s'il en avait eu alors connaissance. On peut donc présumer que ce professeur a été inventé après coup, pour les besoins de la cause, et que les lettres prétendues de Pascal à Wallis et de Desmaizeaux à Fontenelle sont d'une fabrication toute récente.

V

Les relations de Newton avec Pascal rencontrent donc, à leur origine même, une impossibilité manifeste. Pour remé-

1. Il faut joindre à la lettre d'Aubrey, celles que Pascal lui-même aurait, d'après M. Chasles, adressées à Gassendi, et notamment la suivante :

Ce 24 janvier 1655. « Monsieur, je vous ai déjà entretenu autrefois d'un jeune estudiant anglois nommé Isaac Newton, qui m'avoit soumis quelques mémoires sur le calcul de l'infini ; sur le traité du système des tourbillons et sur l'équilibre et la pesanteur des liqueurs, etc., dans lesquels mémoires j'avois trouvé des traits de lumière si sensés et si subtiles que j'en étois resté tout stupéfait, au point que je ne pouvois croire que ces travaux me vinssent d'un jeune homme encore estudiant. *En ayant esté assuré par nostre amy M. Boyle*, alors je m'empresse (*sic*) de répondre à ce jeune sçavant ; et comme il m'a témoigné le désir de faire vostre connoissance dans la dernière lettre qu'il m'a écrite, et de vous faire parvenir une lettre qu'il vous destine, je vous l'envoye et vous recommande ce jeune sçavant comme une jeune plante qu'il faut cultiver avec soin, dans l'intérest de la science. Je vous envoye aussi diverses notes, fruit de mes observations depuis quelque temps, que je vous prie avoir pour agréable. Je suis comme toujours, monsieur et cher Gassendi, vostre bien affectionné,

PASCAL. »

dier à ce vice originel, le faussaire a multiplié avec une extrême profusion les documents de toute sorte destinés à donner un corps à sa fiction.

D'abord, c'est Pascal lui-même qui aurait écrit à Gassendi pour l'entretenir, sans raison aucune, du jeune Newton.

Ce 20 avril 1654.

« Monsieur, un jeune estudiant anglois nommé Isaac Newton m'envoya naguère divers mémoires manuscrits, dont l'un traite du calcul de l'infini si *sciemment*, que l'on diroit plus tôt l'œuvre d'un homme *expérimentant* depuis longtemps *la science des mathématiques*, que d'un jeune élève à peine sorti de l'enfance. On voit par les divers mémoires qu'il m'a envoyés et les diverses questions *qu'il m'a posées* et soumises pour en avoir mon advis, qu'il a déjà lu et estudié avec soin et Kleper et Descartes, et qu'il est parfaitement pénétré de leur système, etc.[1].

Il suffit de lire cette lettre avec tant soit peu d'attention pour avoir la certitude qu'elle n'est pas de Pascal. Le mot *sciemment* qui figure déjà dans la prétendue lettre d'Aubrey, n'était pas alors en usage[2]; on aurait dit *proposer* et non *poser* une question; enfin *expérimenter la science des mathématiques*, n'était en ce temps-là pas plus qu'aujourd'hui une locution française, ou pour mieux dire c'est une expression qui n'a pas de sens.

Il faut avoir une singulière confiance dans la crédulité des gens pour leur présenter ce pauvre style comme émané de l'écrivain en qui s'est personnifié le génie de la langue française dans sa plus éclatante pureté.

Je reviendrai plus loin sur ce sujet.

Il serait aussi superflu que fastidieux de commenter en dé-

1. Séance du 30 septembre 1867. — *Comptes rendus*, p. 554.

2. On le retrouve encore dans la prétendue lettre de Pascal à Newton, du 20 mai 1654 (*Appendice*, n° VI). C'est un des mots adoptés par le faussaire et qu'il prête indistinctement à tout le monde.

tail les autres lettres que M. Chasles a insérées en si grand nombre dans les comptes rendus de l'Académie, et qui toutes ont pour objet de faire croire qu'il y eut une correspondance entre Newton et Pascal. Je me contenterai de citer quelques-uns des personnages qui se trouvent ici transformés en autant de faux témoins.

Je mentionne seulement les lettres que Newton aurait écrites après la mort de Pascal à Mme Perier et à son fils l'abbé Perier, à Rohault, à Saint-Évremond, à Desmaizeaux. On verra plus loin que Newton ne savait pas assez bien le français pour l'écrire. Dans tous les cas, le style qu'on lui prête n'offre pas un seul trait qui rappelle ce grave et puissant esprit. C'est un ramassis de lieux communs et de banalités puériles qui échappe à la critique par sa platitude.

Le faussaire, entraîné par le désir de donner crédit à son œuvre et d'en accroître la valeur en la grossissant, n'a reculé devant aucune invraisemblance : ainsi Newton raconte dans une lettre à Rohault qu'il est venu à Paris rendre visite à Pascal *déjà très-malade et n'ayant pas toutes ses facultés*[1] ! On pourrait s'étonner que Mme Perier qui, dans la *Vie* de Pascal raconte en détail toutes les circonstances de sa dernière maladie, n'ait fait aucune mention de la visite d'un étranger venu de si loin (car l'Angleterre était alors bien loin) pour rendre hommage à son frère. Cette omission serait d'autant plus surprenante de sa part, qu'elle aurait revu Newton lors d'un second voyage qu'il fit à Paris, après la mort de Pascal, pour retirer les lettres qu'il lui avait adressées, et effacer ainsi la trace des services dont il lui était redevable. On trouve, en effet, la mention de ce voyage dans une prétendue lettre que la Bruyère aurait adressée à Saint-Evremont.

1. [illegible] *Rohault*. — [illegible] p. 265.

et où il parle d'une visite que Newton lui aurait faite. Voici cette lettre qui ressemble à toutes les autres par la banalité du fond et les incorrections de la forme, et n'a rien de commun avec l'auteur des *Caractères*.

LA BRUYÈRE A SAINT-ÉVREMOND. — Ce 2 juin. — Je suis très-satisfait de la visite que m'a faite M. Newton. C'est *un homme d'un raisonnement* très-sensé, et on voit qu'il est doué d'une science profonde. Il a fait ce dernier voyage presque incognito, m'a-t-il dit, pour chercher certains documents manuscrits qui lui avoient esté signalés et qu'il a esté très-heureux de retrouver. Aussi m'en a-t-il paru très-content. L'amour des escrits renfermant des verités est la passion des génies supérieurs; il fut et sera toujours la source des plus belles découvertes dans les sciences....

Je profite aussi du retour de M. Newton, pour vous faire parvenir de nouveaux caractères de messieurs de la chambre des comptes, que vous m'avez témoigné le désir d'avoir[1].

En supposant que Newton fût revenu à Paris l'année où Pascal mourut, c'est-à-dire en 1662, la Bruyère n'avait alors que dix-sept ans. Si l'on prétendait que Newton revint à Paris en 1664 ou 1665, pour explorer les papiers de Pascal, et que ce fut alors qu'il rendit visite à la Bruyère, l'auteur des *Caractères* aurait été âgé de 19 ou 20 ans. En 1665 comme en 1662, il était absolument inconnu, et Newton n'avait aucun motif pour le visiter: il n'avait encore rien écrit, ou du moins rien publié, et le faussaire se permet une mauvaise plaisanterie, en lui faisant dire qu'il envoie de *nouveaux caractères* à Saint-Évremont[2].

Montesquieu comparaît à son tour pour attester les obligations scientifiques que Newton avait contractées envers Pascal, et l'auteur de l'*Esprit des lois* est là transformé en un fure-

1. *Comptes rendus*, p. 272.

2. La date de la naissance de la Bruyère, longtemps controversée, a été enfin fixée, par la découverte récemment faite par M. Jal, de son acte de baptême; il était né le 17 août 1645.

teur d'autographes qui fouille, à Londres, dans la collection de Desmaizeaux et les papiers de Newton, et à Paris, dans ceux de Pascal et de Malebranche. Il raconte comment il a trouvé parmi les papiers de ces derniers, près de cent lettres de Newton, « qui sont toutes fort intéressantes, comme on « n'en peut douter; car de *tels correspondants ne pouvoient* « *s'escrire des frivolités*[1]. » Sauf quelques lignes sur Newton, que le fabricateur de tous ces documents me paraît avoir glanées dans le champ d'autrui, car on verra bientôt qu'il ne se fait pas scrupule de recourir au plagiat, ces lettres sont aussi insignifiantes que possible. On ne comprend point par l'effet de quelle préoccupation, un savant aussi distingué que M. Chasles en est venu à croire qu'elles pouvaient être de l'un des écrivains les plus spirituels et les plus profonds du dix-huitième siècle[2].

Je ne m'arrêterai pas aux lettres prétendues : de Hobbes à Mariotte et à Clerselier; de Clerselier de Mariotte et de Rohault à Newton; de Desmaizeaux au chevalier de Jaucourt et à Rémond; de Saint-Évremond à la Bruyère et à Baillet; de Rémond à Desmaizeaux; de Louis Racine à Desmaizeaux; de Huyghens à Newton et à Boulliau; ces diverses pièces que M. Chasles a produites à l'Académie « comme devant *mettre hors de doute la réalité des relations* entre Newton et Pascal, » ne prouvent

1. *Comptes rendus*, p. 269.

2. M. Chasles nous apprend, il est vrai, qu'il possède, en outre, une volumineuse correspondance et d'autres écrits plus considérables de Montesquieu. La multiplicité de sa collection lui en impose toujours, et sa confiance dans les documents dont elle se compose s'accroît en raison directe de leur masse.

« J'avais pensé, dit-il, que ces lettres de Montesquieu étaient un des documents les plus irréfutables *à cause de leur grand nombre, quatre cents au moins*, traitant de sujets très-variés, et adressées à des personnages différents, et aussi parce qu'indépendamment de ces lettres, il se trouve trois ouvrages manuscrits de l'auteur, qui sont des copies, mais portant des annotations autographes signées, parfaitement conformes à l'écriture des lettres. » Séance du 16 décembre 1867. — *Comptes rendus*, p. 1020.

qu'une seule chose : les précautions multipliées prises par le faussaire avec un soin qui cesse d'être habile pour devenir maladroit, à force d'être exagéré. Ce sont toujours d'ailleurs les mêmes invraisemblances, la même absence d'originalité dans le style, la même trivialité : la même plume, en un mot.

VI

Mais voici deux nouveaux témoins appelés à soutenir l'accusation dirigée contre Newton. C'est ici que le faussaire a atteint les dernières limites de la fantaisie, et il faut vraiment un certain courage pour continuer la discussion en présence d'une invention qui n'offre rien à prendre au sérieux. L'incident est, en effet, *très-divertissant*, ainsi que l'a dit le vénérable M. Brewster[1].

En énumérant les pièces de sa collection, dans lesquelles il est fait mention des relations qui auraient existé entre Pascal et Newton, M. Chasles a parlé « *d'assez nombreuses lettres* « adressées à Newton par le roi Jacques II, en résidence à « Saint-Germain[2]. » Il a communiqué à l'Académie trois de ces lettres : les deux premières, datées des 12 et 16 janvier 1689[3]; l'autre du 21 juin 1693[4].

Ces prétendues lettres du roi Jacques II portent avec elles la marque d'une fausseté évidente. Étrangères à la main de ce

1. Lettre à M. Chevreul, lue à la séance du 21 octobre 1867.

2. Séance du 30 septembre 1867. — *Comptes rendus*, p. 549

3. Séance du 30 septembre 1867. — *Comptes rendus*, p. 551. La lettre du 12 janvier est en partie reproduite par le *fac-simile* R.

4. Séance du 28 octobre 1867. — Voir cette lettre, p. 52 ci-après.

prince, ainsi que je l'ai dit plus haut, elles ne le sont pas moins à son esprit, à son caractère et à sa situation.

Longtemps placé à côté du trône de Charles II, son frère, dont il était l'héritier présomptif, Jacques, alors duc d'York, déjà en butte à l'animadversion et à la méfiance du peuple anglais, ne montra ni les qualités, ni les goûts d'un esprit supérieur ou seulement distingué ; il resta entièrement étranger aux lettres, aux arts et aux sciences : il n'encouragea ni ne rechercha ceux qui les cultivaient. Consumant son activité dans des intrigues sans portée et sans avenir, sa principale, pour ne pas dire son unique préoccupation, avait été de se concilier les bonnes grâces de Louis XIV. Il comptait sur le secours du grand roi, bien plus que sur lui-même, pour monter sur le trône et s'y maintenir, contre les vœux de la nation anglaise. Devenu roi, Jacques II n'éleva point son esprit au niveau de cette nouvelle et difficile situation ; alliant d'une façon étrange la piété et la licence des mœurs, il partageait son temps entre les affaires, la chasse et des distractions dont le scandale n'était guère compatible avec l'autorité morale d'un souverain qui prétendait être avant tout un défenseur de la foi, et poursuivait, comme le grand objet de son règne, le rétablissement de la religion catholique dans ses États. Enfin, dans la vie de ce prince, aucune place n'était réservée à la culture des lettres ou des sciences, ou à la fréquentation des lettrés et des savants. Il est donc tout à fait invraisemblable que Jacques II ait jamais eu avec Newton les relations familières et presque amicales que supposerait, comme on le verra bientôt, la correspondance qu'on lui attribue.

Suivant toute apparence, le roi Jacques avait entendu parler pour la première fois de Newton, à l'occasion des démarches auxquelles il prit une part active, en 1687, comme membre de l'Université de Cambridge, pour défendre les priviléges, et surtout le caractère essentiellement protestant de cet établissement, contre les empiétements du souverain[1]. Le dessein arrêté de Jacques II, et qu'il poursuivit avec une opiniâtreté qui ne tarda pas à lui être fatale, était, en effet, de placer des catholiques dans toutes les fonctions de l'État, et il attachait surtout une extrême importance à faire pénétrer l'élément catholique, comme nous dirions aujourd'hui, dans les Universités de Cambridge et d'Oxford[2].

N'est-il pas évident que Jacques II, s'il avait gardé quelque souvenir de Newton, ne devait voir en lui qu'un adversaire en religion et en politique, deux choses qui se confondaient dans la conscience comme dans la conduite de ce souverain? Le zèle anticatholique dont Newton avait fait preuve en défendant l'Université de Cambridge, devait être d'autant plus désagréable pour Jacques II, qu'il lui avait valu d'être nommé membre de la Convention élue en janvier 1689, pour conférer le pouvoir souverain à Guillaume d'Orange[3]. En voilà assez, et beaucoup trop peut-être, pour montrer qu'entre le roi Jacques et Newton il n'y avait que des causes d'éloignement. A quel titre, le souverain détrôné, et qui n'avait aucun titre pour se faire écouter du grand géomètre, aurait-il donc pu réclamer de lui une rétractation telle que celle dont il sera question plus loin? Était-ce d'ailleurs l'intérêt qu'il portait à la mémoire de Pascal, qui aurait pu l'inspirer en pareille cir-

1. Newton était encore loin d'avoir acquis l'illustration qui s'attache à son nom. Il ne publia qu'un peu plus tard son immortel ouvrage des *Principes*. — Voir, sur cet incident de sa vie les, *Memories of the life*, etc., of sir J. Newton by sir D Brewster, vol. II. p. 107-112.

2. Il y a, à cette date, dans la correspondance de l'ambassadeur de France à Londres, un passage qui montre quelles étaient les intentions du roi à cet égard. On le trouvera dans l'*Appendice*, sous le n° XII.

3. « The active and influential part wich Newton has taken in defending the privileges of the university, more than his high scientific attainments, not yet, sufficiently appreciated ever at Cambridge, induced his friends to bring him forward as a candidate for a seat in the Convention Parliament. » — *Memories of the life*, etc., vol. II. p. 112.

constance? Assez indifférent aux choses de l'esprit, Jacques II ne devait pas avoir beaucoup de goût pour un écrivain qui avait été l'adversaire déclaré des jésuites.

On aurait été bien surpris à la cour de Louis XIV, si quelque plaisant s'était imaginé de représenter l'ex-roi d'Angleterre comme prenant en main la défense du génie français dans la personne de Pascal. Ce petit-fils de Henri IV n'avait rien qui rappelât les grâces aimables et le brillant esprit de son aïeul.

« La figure du roi d'Angleterre, dit Mme de la Fayette, n'avoit pas imposé aux courtisans : ses discours firent encore moins d'effet que sa figure. Il conta au Roi le plus gros des choses qui lui étoient arrivées, et il les conta si mal, que les courtisans ne voulurent pas se souvenir qu'il étoit Anglois, que par conséquent il parloit fort mal françois; outre qu'il bégayoit un peu, qu'il étoit fatigué, et qu'il n'est pas extraordinaire qu'un malheur aussi considérable que celui où il étoit, diminuât une éloquence beaucoup plus parfaite que la sienne....

.... Malgré les fâcheuses circonstances de son état, S. M. britannique ne laissoit pas d'aller courageusement à la chasse avec Monseigneur, et piquoit comme eût pu faire un homme de vingt ans, qui n'a d'autre souci que celui de se divertir. Cependant ses affaires alloient fort mal, car le prince d'Orange avoit été reçu du peuple de Londres avec de très-grandes acclamations....

.... Plus les François voyoient le roi d'Angleterre, moins on le plaignoit de la perte de son royaume. Ce prince n'étoit obsédé que des Jésuites : il vint faire un voyage à Paris; d'abord il alla descendre aux Grands-Jésuites, causa très-longtemps avec eux et se les fit tous présenter. La conversation finit par dire qu'il étoit de leur Société; cela parut d'un très-mauvais goût[1].... »

Tel était le véritable Jacques II, lorsque contraint de quitter l'Angleterre après trois ou quatre ans de règne, il vint chercher un refuge auprès de Louis XIV, dont l'appui, non moins compromettant que généreux, n'avait pu l'empêcher de succomber sous le fardeau d'une couronne trop pesante

1. *Mémoires de la Cour de France*, pour les années 1688 et 1689, par Mme la comtesse de la Fayette.

pour lui. Il était arrivé au château de Saint-Germain, le 7 janvier 1689, tout meurtri de sa chute, mais ne désespérant pas de reconquérir son trône avec le secours de son puissant allié. Les deux souverains, dès leurs premiers entretiens, s'étaient occupés d'en rechercher les moyens, et avaient résolu et organisé la descente que Jacques II effectua en Irlande, quelques semaines plus tard.

C'est au milieu de ces graves préoccupations de la politique et de la guerre, que Louis XIV aurait, s'il fallait en croire les documents produits par M. Chasles, appelé l'attention de Jacques II sur une certaine lettre que Newton aurait adressée à Huyghens, il y avait quelques années, et dans laquelle il se serait permis des expressions injurieuses pour la mémoire de Descartes et de Pascal. Ce mauvais procédé se serait encore aggravé, aux yeux du grand roi, de cette circonstance que l'ingrat Newton aurait omis de mentionner le nom de Pascal dans son livre des *Principes*.

Ainsi Louis XIV, saisi tout à coup d'une tendresse, de sa part bien étrange, pour l'adversaire des jésuites et l'auteur des *Provinciales*, aurait pris fait et cause pour sa mémoire ! Mais avant de témoigner à Jacques II tout son ressentiment à l'égard de Newton, Louis XIV en avait déjà, à ce qu'il paraît, conféré avec Boulliau, « son conseil ordinaire, dit M. Chasles, dans « les questions concernant les sciences, et son ambassadeur « auprès des savants étrangers qu'il désirait voir à Paris[1]. »

Le grand roi avait donc écrit à Boulliau la lettre suivante, dont rien n'est à retrancher :

LOUIS XIV A BOULLIAU.

Monsieur l'abbé, quoy que vous soyez dans une retraite profonde, vous n'ignorez pas sans doute qu'un scavant anglois, M. Newton, que vous

1. Séance du 28 octobre 1867. — *Comptes rendus*, p. 682.

connoissez, puisque vous m'en avez parlé maintes fois, naguères a jetté un mépris inique, et s'est mesme permis des expressions outrageantes contre M. Pascal, d'illustre mémoire, au point que plusieurs scavans sont venus s'en plaindre à moy; et on fait mesme courir certains bruits à ce sujet, dont je serois bien aise d'éclaircir (*sic*).

Pascal fut vostre ami. Vous l'avez connu en son particulier; partant vous pouvez me fournir quelques renseignements que je serois bien aise d'avoir à cet égard sur cela (*sic*). Je vous prie donc de venir me trouver demain. Une de mes voitures vous prendra pour vous amener icy. Veuillez, je vous prie, n'y point faillir. C'est vous dire assez combien j'ai cette affaire à contre-cœur (*sic*). Je compte sur vous[1],

LOUIS.

Versailles, ce 29 aoust.

Passons sur de trop fortes incorrections qu'il faut mettre sans doute sur le compte du copiste employé par le faussaire. Mais remarquons la familiarité négligée du langage attribué au grand roi : *Une de mes voitures vous prendra pour vous amener icy. Veuillez, je vous prie, n'y point faillir. C'est vous dire assez combien j'ay cette affaire à contre-cœur, etc.*

Certes, voilà un style dont on ne peut pas dire cette fois qu'il est l'homme même, car il est aussi éloigné que possible du caractère et des habitudes du souverain qui avait au plus haut degré et gardait en toute occasion le sentiment, j'allais dire le respect, de sa toute-puissance. «Il serait, a dit en parlant de lui Mme de la Fayette, le plus parfait des hommes de son royaume, s'il n'était point si avare de l'esprit que le ciel lui a donné, et qu'il voulût le laisser paroître tout entier, *sans le renfermer si fort dans la majesté de son rang*[2]. »

Voilà bien à son tour, le vrai Louis XIV. Celui qui se montre dans les documents de M. Chasles n'est qu'un personnage vulgaire, qui n'a pas plus la distinction du rang que celle de l'esprit et des sentiments.

1. *Comptes rendus*, p. 685.
2. *Histoire de Madame Henriette d'Angleterre.*

A la suite de la prétendue lettre à Boullian, M. Chasles en a produit d'autres que Louis XIV aurait adressées sur le même sujet à Huyghens, à l'abbé Bignon et à Jacques II. Averti par l'ex-roi d'Angleterre[1] des sentiments d'indignation que ses odieux procédés à l'égard de Pascal ont inspirés à Louis XIV, Newton se rétracte, sans aucun ménagement pour sa propre dignité : « Je m'empresse, écrit-il au grand roi, de rétracter ces expressions que je ne scavais estre aussy blessantes, ignorant la valeur de certains mots françois, et j'espère que Vostre Majesté voudra bien m'excuser *en faveur de cette ignorance et de mon sincère repentir*, car je veux bien l'avouer à Vostre Majesté, je ne dois que des louanges à Pascal....[2] »

Louis XIV non-seulement agrée ces excuses, mais oubliant à son tour ce qu'il se doit à lui-même, il en témoigne sa gratitude ! Voici ce qu'il fait répondre à Newton par l'abbé Bignon :

Ce 10 aoust.

Monsieur,

Comme membre protecteur de l'Académie des sciences, et chargé par le Roy de son inspection, Sa Majesté m'a fait part de la lettre que vous lui avez adressée pour vous justifier de certains propos que vous connoissez, et qu'il n'est pas nécessaire de vous rappeler icy, et dont il est vray que Sa Majesté en avoit tesmoigné son mécontentement au roy Jacques. Sadite Majesté *me charge* de vous dire qu'*Elle agréoit* vos excuses, et qu'Elle vous en tesmoignoit toute sa gratitude.

Agréez, je vous prie, monsieur, ma considération distinguée[3].

L'abbé Bignon.

Je ne m'arrêterai pas à la faute de français qui se trouve dans la dernière phrase de cette lettre : les fautes de ce genre abondent dans tous les documents de cette inépuisable collec-

1. *Comptes rendus*, p. 686 et suivantes.
2. Séance du 30 septembre 1867. — *Comptes rendus*, p. 552.
3. *Comptes rendus*, p. 688.

tion. Mais je dois faire remarquer en passant que la salutation qui termine cette prétendue lettre suffirait pour en démontrer la fausseté. Le mot de *considération* employé comme formule de courtoisie était inconnu au dix-septième et même au dix-huitième siècle, et il n'a été mis en usage qu'au commencement du dix-neuvième[1].

Le Jacques II qui figure dans ce roman est digne, en tous points, du faux Louis XIV, et du rôle qui leur est attribué à l'un et à l'autre. C'est en 1689 qu'a lieu leur intervention, si promptement suivie de la rétractation de Newton. Or, en 1693, le faux Jacques II revient avec Newton sur ce sujet, et il se met à raconter par le menu, avec une complaisance tout à fait inexplicable, comment les choses s'étaient passées. La lettre est un peu longue ; je crois devoir cependant la reproduire comme un des spécimens les plus naïfs de cette immense falsification.

LE ROY JACQUES A NEWTON.

A Saint-Germain, ce 21 juin 1693[2].

Monsieur Newton, j'ay reçu dernièrement la visite d'une personne d'Angleterre, qui m'a apporté de vos nouvelles; ce qui m'a fait beaucoup de plaisir. Nous nous sommes longuement entretenu de vous; *ce qui doit vous tesmoigner*, comme déjà je vous l'ay dit, *que j'ay dans un entier oubly l'opposition que vous m'avez faite, alors que j'estois sur le trosne d'Angleterre*. Cette personne dont je vous parle et qui vous porte beaucoup d'intérest aussy, m'a questionné, de vostre part, si je ne me trompe, si l'on faisoit encore circuler les bruits d'autrefois contre vous. *Il n'en arrive plus rien à mon oreille*. Mais puis j'en suis sur ce chapitre, et entre nous soit dit, *je vais*

1. L'emploi de cette expression comme formule de courtoisie se trouve autorisé et justifié de la manière suivante dans un rapport officiel, qui porte la date du 3 frimaire an XIII (24 décembre 1804) : « La *considération* est la récompense la plus flatteuse attachée aux fonctions publiques : l'accorder dans les rapports officiels à celui qui les remplit, c'est accoutumer l'opinion à le respecter....

2. Communiquée par M. Chasles, à la séance du 28 octobre 1867. — *Comptes rendus*, p. 688.

dire aujourd'huy comment tout cela s'est passé. Car dans les différentes lettres que je vous ay escrites à ce sujet, *c'estoit dans des momens de préoccupations, de trouble*. J'ay pu tronquer les choses. Je vais les rétablir par cette lettre, afin que vous schachiez bien où vous en tenir. Il y a de cela environ cinq ans, comme vous le sçavez. Vous veniez de publier votre grand ouvrage des *Principes*, pour lequel on vous glorifiait en Angleterre. Mais il n'en estoit pas de mesme en France. Les sçavans, encore sous l'impression d'une lettre que vous aviez escrite quelques annees avant, à un de vos amis, et dans laquelle vous aviez flétri la mémoire de deux sçavans fort estimés en France, Descartes et Pascal, faisoient cas de vostre ouvrage que pour dire que c'estoit l'œuvre d'un françois accommodé à l'angloise. *Lorsque j'arrivay en France en* 1688, *ces bruits me parvenoient jusqu'à l'oreille, pour ce qu'on en parloit mesme à la Cour*, où se trouve toujours maints beaux esprits. Je demanday ce que cela vouloit dire. On me l'expliqua. Sur quoy je vous escrivis dans les premiers jours du mois de janvier 1689, *vers le 5 ou le 6, je crois*, pour vous prévenir de cette affaire, *et cela malgré mes grandes préoccupations d'alors*, ce qui doit vous tesmoigner l'estime que j'ay toujours eu pour vous, *malgré l'opposition que vous me faisiez*; et je voyois le blasme jeté sur vous avec tant de déplaisir, que je vous escrivis de nouveau à la date du 12 du mesme mois une lettre par laquelle je vous engageois de tâcher d'atténuer ces bruits par quelques moyens. Les choses en étoient là lorsque je partis pour une expédition qu'il n'est pas nécessaire de rappeler; et, à mon retour, plus d'un [an] s'estoit passé, les mesmes bruits revinrent. Un jour j'entendis mesme quelques cris séditieux partis d'*un groupe de jeunes estudiants de l'université*. J'en entretins le Roy qui luy-mesme s'estoit préoccupé de cette affaire, pour ce qu'il a l'amour des sciences et la gloire de son royaume, et *je me permis de vous escrire de nouveau à ce sujet*, et de faire connoistre la vérité, ce que vous avez fait, à mon grand plaisir, car depuis *je n'ai plus rien entendu dire; ou du moins rien n'arrive à mes oreilles, et je jouis d'une tranquillité parfaite dans ma retraite. Ainsy donc, monsieur, taschons de ne point réveiller le chat qui dort*. Quoiqu'il en soit, je vous prie de me faire part de vos nouveaux travaux. J'ai appris que vous aviez dessein de refaire vostre livre. Je serois bien aise d'estre informé des changements que vous voulez lui faire subir. Enfin escrivez-moi chaque fois que vous pourrez; *et cela en françois*, et sans cérémonie. *J'ay mes raisons pour cela*. Sur ce, je prie Dieu, monsieur Newton, vous avoir en ses bonnes grâces.

Cette réjouissante épître, dans laquelle le faux Jacques II laisse plus d'une fois apparaître le bout de ses longues oreilles.

est assurément une des moqueries les plus effrontées et les plus bouffonnes que le faussaire ait cru pouvoir se permettre envers M. Chasles et envers le public. Je ne crois pas me tromper, en supposant que c'est un des documents qui ont été fabriqués au dernier moment, pour les besoins de la discussion.

VII

« Écrivez-moi, dit le faux Jacques II à Newton, chaque fois que vous pourrez, *et cela en français.... J'ai mes raisons pour cela.* »

Je le crois bien! Le faussaire, en insérant cette recommandation dans la lettre que l'on vient de lire, a voulu répondre à une objection qui ne pouvait manquer d'être faite : c'est qu'il est fort extraordinaire que les lettres prétendues de Newton aient été écrites en français, même lorsqu'il s'adressait à un prince anglais.

En effet, le Newton des documents, comme les autres personnages anglais mis en scène avec lui, n'écrit jamais dans sa propre langue, mais constamment en français. Cependant parmi les écrits jusqu'à présent connus de ce grand homme, soit dans ses œuvres publiées, soit dans les manuscrits de lui que l'on conserve aux archives de l'Université de Cambridge, il ne se trouve pas une seule page qui soit écrite autrement qu'en anglais ou en latin ; c'est même un fait avéré qu'il n'avait qu'une connaissance incomplète de la langue française. Non-seulement il n'aurait pu écrire en cette langue, mais il avait quelque difficulté à la comprendre. On a, à cet égard, son propre témoignage. Voici, en effet, ce qu'il écrivait à M. Chamberlayne, le 11 mai 1714; je donne la traduction de Desmaizeaux :

« Je n'entends pas assez à fond la langue française pour sentir toute la force des termes de la lettre de M. Leibniz ; mais je comprends qu'il croit que la Société Royale et moi ne lui avons pas rendu justice[1] ».

Le sens de ce passage paraît assez clair : il en résulte sans aucun doute que Newton n'était pas capable d'écrire en français. Eh bien, M. Chasles n'hésite pas à tirer du même passage une conséquence tout opposée.

« On a douté, dit-il, que Newton *écrivît ou lût facilement le français*. Cependant sa lettre à Chamberlayne commence ainsi : « Je n'entends pas assez.... »

Ainsi, d'après le savant géomètre, *n'entendre pas assez à fond une langue, pour sentir toute la force des termes*, c'est la même chose que *la lire* et même L'ÉCRIRE *facilement*. — C'est *la lire*, oui ; mais *facilement*, non, puisqu'on n'en comprend pas complétement le sens. Encore moins est-ce l'écrire. Qui ne sait en effet, pour peu qu'il ait étudié une langue étrangère, que *lire* et *écrire* cette langue sont deux choses fort différentes. M. Chasles les confond trop aisément pour le besoin de sa cause.

Il est vrai qu'ici comme toujours, il va chercher un argument dans son inépuisable arsenal. « L'original de cette lettre en français, ajoute-t-il, se trouve parmi mes documents.

« Dans une lettre à Desmaizeaux rapportée ci-après, Newton

1. Cette lettre de Newton se trouve dans le *Recueil de diverses pièces*, etc., par MM. Leibniz, Clarke, Newton, etc.; Lausanne 1759. Tome second, page 126. Ce recueil est de Desmaizeaux.

Si Newton vers la fin de sa vie ne comprenait pas complétement la langue française, à plus forte raison devait-il en être ainsi soixante ans auparavant.... Mais j'oublie que le jeune Newton était alors aidé par son professeur, ce personnage qui est survenu inopinément, grâce à la vigilante intervention du faussaire.

dit qu'il envoie plusieurs notes qu'il a traduites en français. — Dans une autre lettre à Desmaizeaux, il envoie encore des notes traduites en français[1]. »

Telle est la foi absolue qui anime M. Chasles, qu'il ne s'aperçoit pas qu'il ne lui est pas permis, en bonne logique, de prouver la véracité d'un document contesté au moyen d'autres documents écrits de la même main ou provenant de la même source, et également dépourvus d'authenticité. Il ne s'aperçoit pas que le faussaire s'est trouvé conduit par un premier mensonge à en commettre d'autres; il entre merveilleusement dans son jeu et devient son auxiliaire involontaire.

Dans les lettres prétendues que Newton adresse à Desmaizeaux et à un autre correspondant inconnu, il annonce l'envoi de notes traduites par lui-même en français.

NEWTON A DESMAIZEAUX.

Ce 9 mars

Déjà je vous ay fait connoistre divers escrits, lettres et notes que j'avois envoyé soit à M. Clarke, soit à M. l'abbé Conti, et à M. de Saint-More et autres, relativement à mes débats et discussion avec M. Leibniz. Voicy encore de nouveaux escrits que je vous envoye. . . . .

Nota. Je vous ay traduit moy-même toutes ces lettres et notes, afin de vous éviter la peine de le faire, quoique je sache que vous estes fort initié à nostre langage. C'est parce que je sçay que vous aymez vostre langue.

NEWTON A ***.

Ce 2 septembre.

Vous désirez sçavoir de moy la marche qu'il seroit bon de suivre dans un voyage qu'avez dessein d'entreprendre. Je vais vous donner là-dessus mes instructions ; et permettez à moy vous les escrire en françois; car je sçay que vous maniez bien cette langue, et c'est grand plaisir pour moy de l'escrire, attendu que ce sont des François qui les premiers m'ont initié le culte des sciences, comme déjà l'ay dit à vous; et chaque fois

1. Séance du 30 septembre 1867. — *Comptes rendus*, page 547.

que je trouve occasion de parler ou d'escrire en ce langage, je le fais pour mieux y familiariser moy :... celuy qui me donna ces préceptes étoit homme de bon sens[1].

Ici, comme ailleurs, le faussaire manque le but en le dépassant ; à force de vouloir persuader que Newton écrivait en français, il lui prête une espèce de monomanie qui touche au ridicule. Ce grand génie connaissait trop le prix du temps pour l'employer à traduire comme un écolier, à tout propos et sans nécessité, les notes qu'il avait d'abord écrites en anglais.

Mais voici un fait emprunté à la biographie de Newton qui prouvera que loin de rechercher ce travail de traduction ou de rédaction française, il s'en abstenait dans les occasions même où il lui aurait été indispensable ou du moins très-utile de s'y livrer.

En 1715, lors du débat célèbre qui s'était élevé entre Leibniz et Newton sur la question de savoir auquel des deux appartenait l'invention du Calcul différentiel[2], il y eut dans le local de la Société Royale à Londres, une réunion à laquelle furent invités des étrangers de distinction et notamment les membres du Corps diplomatique, accrédité en Angleterre : il s'agissait de comparer entre elles certaines correspondances de Leibniz dont une partie était déposée dans les Archives de la Société.

Le Baron de Kilmansegg, ministre de Hanovre, fit observer que cela ne suffisait pas ; que le vrai moyen de finir la querelle était que Newton écrivît lui-même à Leibniz, lui exposant *ses raisons*, et lui demandant des réponses directes. Tous

1. Et M. Chasles ajoute : « Les préceptes étaient de Pascal et se trouvent sur six notes *de sa main.* » — Affirmation gratuite, comme toujours.

2. Ou *Méthode des Fluxions*, « dont Newton posa les fondements et que onze ans plus tard, dit M. Biot, Leibniz inventa de nouv.au et présenta sous une autre forme qui est celle du Calcul différentiel employé aujourd'hui. »

les membres de la réunion goûtèrent cette idée, et l'abbé Conti en ayant fait part à Newton, celui-ci lui écrivit une lettre pour être envoyée à Leibniz à Hanovre.

Comme Leibniz n'entendait pas l'anglais, la lettre de Newton dut être traduite en français, et ce fut Mme Kilmansegg qui fit faire cette traduction par Coste[1]. Si Newton avait eu le goût passionné qu'on lui prête pour la langue française, il ne se fût sans doute pas borné à rédiger sa lettre en anglais, et il n'eût pas voulu laisser à la femme du ministre de Hanovre le soin de la faire traduire, dans une circonstance où il se trouvait personnellement intéressé.

Il serait oiseux d'insister[2]. Il doit être assez clair pour tout le monde que Newton n'est pour rien dans les pièces qui lui sont attribuées et qu'elles sont écrites en français par la seule raison que la langue de Newton était inconnue à celui qui les a fabriquées.

Un savant écrivain[3], entré après moi dans ce débat, a essayé de démontrer que le faussaire était Anglais; il s'est appuyé pour le prouver sur ce que l'on trouve dans les documents

1. Le fait est raconté par M. Brewster, d'après une lettre adressée de Paris par l'abbé Conti le 22 mai 1721 à Brook Taylor dans les *Mémoires* duquel elle a été publiée. *Memoirs*, etc., of sir J. Newton, vol. 2, pages 60 et 432.

Coste était alors réfugié, comme protestant, en Angleterre. Il a traduit de l'anglais plusieurs ouvrages, notamment l'*Essai sur l'entendement humain*, de Locke; il a donné, comme on sait, des éditions de la Bruyère, de Montaigne et de la Fontaine.

2. Au fait rapporté par l'abbé Conti, on pourrait ajouter le témoignage de Desmaizeaux. Il dit que Newton fit imprimer, après la mort de Leibniz, divers documents relatifs au différend qui s'était élevé entre eux, et il ajoute : « On joignit ces pièces à l'*Histoire des Fluxions* de M. Raphson, comme une espèce de supplément; elles furent publiées dans les mêmes langues qu'elles avaient été écrites: c'est-à-dire celles de M. Leibniz en français, *et celles de M. Newton en anglais.* » (Préface du Recueil de Desmaizeaux, page 87.)

3. M. Ch. Henri Martin, doyen de la Faculté des lettres de Rennes, dans une note adressée à l'Académie des Sciences. — Séance du 9 décembre 1867. — *Comptes rendus*, page 989.

fabriqués des tournures de phrases, des fautes d'orthographe et des omissions de mots qu'un Français n'aurait pas commises. A mon avis, ces fautes et ces incorrections proviennent en grande partie de l'ignorance ou de l'inattention du copiste. J'ai déjà fait remarquer plus haut qu'il oublie parfois son rôle en mêlant sans façon l'orthographe du dix-septième siècle à celle de notre temps[1] : des bévues de ce genre étaient inévitables dans un travail d'aussi longue haleine ; enfin il y a aussi des incorrections préméditées, des fautes de grammaire et d'orthographe calculées, des tournures de phrases rendues barbares à dessein[2] pour faire croire que ceux qui écrivent sont bien des Anglais.

Il est possible que le faussaire ne soit pas Français ; mais on peut affirmer qu'il n'est pas Anglais, car on ne saurait comprendre pourquoi, s'il l'était, il n'eût pas fait parler Newton, Aubrey, Boyle, Hobbes, dans leur propre langue, afin de donner plus de vraisemblance à ses inventions.

1. Voir plus haut, page 19.

2. Voir notamment les passages soulignés dans la lettre du 2 septembre (page ci-dessus). — Voir aussi la prétendue lettre de Newton à Cassini où l'on trouve des phrases comme celles-ci : « J'ay d'abord eu l'intention *dans* faire usage (*a*) dans le système du monde par moy establit et m'en suis abstenu, *pour ce que n'estant certain de leur véracité*. — Voilà, monsieur, le motif pourquoi j'avais fait *mander à vous* ces renseignements.... — *Je prie vous excuser moy* si j'ai pris un détour pour connoistre cette chose, *et prie vous* estre assuré que je suis le très-affectionné *serviteur de vous*. » (*Comptes rendus*, page 838).

(*a*) Il s'agit des prétendus calculs de Pascal.

VIII

La correspondance de Galilée avec Pascal, présentée par M. Chasles [1], n'est pas moins chimérique que celle qui aurait existé entre Pascal et Newton.

Ces lettres seraient de 1641, c'est-à-dire de l'année qui a précédé la mort de Galilée. Le faussaire a donc pris la date la moins défavorable, car s'il s'était référé à une époque plus éloignée, il eût rendu, à cause du trop jeune âge de Pascal, cette correspondance trop visiblement invraisemblable. La première de ces lettres porte la date du 2 janvier 1641. Il y est question d'observations que Galilée aurait faites sur les révolutions des corps célestes, et elle se termine ainsi :

> Selon moi, la force centripète a sur un même corps une action variable suivant les différentes distances à ce centre dans la raison renversée du carré de ces distances. Je vous fais part d'un bon nombre de mes observations à ce sujet. Je vous envoie aussi plusieurs écrits que je me trouve avoir de Képler touchant le même sujet. Je vous prierai me les retourner quand vous en aurez pris connaissance.
>
> *Je ne vous en écris pas davantage, car je me sens les yeux bien fatigués. Ma vue s'en va.*
>
> N'oubliez pas de me faire part de la description de votre *machine arithmétique.*

A la date de cette lettre Pascal n'avait que dix-sept ans et demi [2]. L'éclat de son génie n'avait pas encore dépassé l'enceinte de sa famille et le cercle de ses amis. Il vivait à Rouen

1. Séance du 7 octobre 1867. — *Comptes rendus de l'Académie des sciences*, pages 588 et 589.
2. Il était né le 19 juin 1623.

à côté de son père, intendant des finances en Normandie; il l'aidait dans ses fonctions et c'est même la nécessité où il s'était ainsi trouvé de faire de longues opérations de calcul qui lui avait inspiré l'idée de sa machine arithmétique.

Les relations qu'il aurait eues alors avec Galilée vieux, aveugle, infirme et par conséquent peu disposé à entretenir de nouvelles correspondances, ne s'expliquent point; elles sont tout à fait invraisemblables, et il faudrait, pour les admettre, s'appuyer sur des pièces authentiques. Or, les lettres que M. Chasles présente comme étant de Galilée sont l'œuvre d'un faussaire, et en voici les preuves qui sont toutes également péremptoires :

1° La lettre du 2 janvier 1641, citée plus haut, se termine par ces mots : « *N'oubliez pas de me faire part de la description de votre machine arithmétique.* »

Or, à cette date, la machine arithmétique de Pascal n'existait pas encore. Il nous apprend lui-même, dans une dédicace adressée au chancelier Séguier [1], qu'il avait vingt ans lorsqu'il l'inventa : « .... En effet, Monseigneur, dit-il, quand je me représente que cette mesme bouche qui prononce tous les iours des oracles sur le throsne de la justice, a daigné donner des éloges au coup d'essay d'un homme de vingt ans; que vous l'avez iugé digne d'estre plus d'une fois le sujet de vostre entretien, et d'avoir place dans vostre cabinet, parmy tant d'autres choses rares et précieuses dont il est remply; je suis comblé de gloire.... »

Ce n'est donc qu'en 1643 que Pascal inventa sa machine, et ce n'est qu'environ deux ans après, c'est-à-dire en 1645

1. Lettre dédicatoire à Mgr le Chancelier sur le sujet de la machine nouvellement inventée par le sieur B. P. pour faire toutes sortes d'opérations d'arithmétique, par un mouvement réglé, sans plume ni jettons. — Avec un advis nécessaire à ceux qui auront curiosité de voir la dite machine, et de s'en servir. — MDCXLV, brochure in-4° de 18 pages.

qu'il publia son invention. Comment donc Galilée en aurait-il eu connaissance dès janvier 1641 ?

2° Le 20 mai 1641, Galilée aurait écrit à Pascal :

« Je viens de prendre connaissance de vos *dernières expériences touchant la pesanteur de l'air;* et de plus en plus j'y vois combien elles peuvent être utiles aux observations astronomiques....[1] »

Et le 7 juin de la même année :

« Je viens de prendre connaissance de vos nouvelles expériences touchant la pesanteur de la masse de l'air. J'en suis bien satisfait. Elles confirment mes prévisions. Oui, cela est un témoignage que l'air est pesant[2], etc. »

Or, s'il est dans la vie de Pascal et dans l'histoire de ses travaux un ordre de faits qui soit exactement constaté, ce sont les expériences dont il s'agit. C'est lui-même qui nous apprend par quelle suite d'observations successives il fut conduit à démontrer que certains phénomènes, jusque-là inexpliqués, étaient dus à la pesanteur de la masse de l'air. Ce ne fut qu'en 1647 qu'il arriva à en concevoir la pensée.

Son point de départ se trouve dans une expérience faite en Italie par Torricelli, et dont l'indication avait été transmise de Rome au P. Mersenne, en 1644. Pascal ayant eu connaissance de cette expérience à Rouen, en 1646[1], la repéta avec succès, y en ajouta d'autres de son invention, et en tira cette première conclusion que, s'il était vrai, comme on le prétendait, que la *nature abhorre le vide*, il n'était pas exact de dire qu'elle ne *souffrait pas le vide;* qu'au contraire, cette horreur de la nature avait des limites et *admettait le vide.* Cette assertion était alors une nouveauté, quelque timide qu'elle puisse paraître aujourd'hui. Pascal ne publia

1. *Comptes rendus*, p. 588.

2. Lettre de Pascal à M. de Ribeyre. Œuvres complètes, édition de 1779, tome 4, page 202.

l'exposé de ces expériences et de leurs conséquences qu'à la fin de 1647[1].

L'année suivante, il publia le récit de la célèbre expérience qui venait d'être faite, d'après ses instructions, pour constater la pesanteur de la masse de l'air, sur le Puy-de-Dôme, et qu'il répéta lui-même sur la tour Saint-Jacques, à Paris[2].

De ce qui précède on doit conclure que Galilée n'a pu parler le 20 mai, ni le 7 juin 1641, d'expériences qui ne furent faites que six ans plus tard, et qu'il ne connut même jamais, car il mourut le 8 janvier de l'année suivante. Donc, les lettres qu'on lui attribue ne peuvent être de lui et sont l'œuvre d'un faussaire.

3° Ces prétendues lettres de Galilée sont écrites en français. Or, il suffit de parcourir la collection authentique et complète des œuvres et de la correspondance de Galilée, publiée à Florence dans ces dernières années[3], pour voir qu'il n'a jamais rien écrit en langue française. Il y a, dans cette correspondance, bien des lettres adressées à des savants français, tels que Carcavi, Beaugrand, Boulliau et Gassendi; à Diodati, avocat de Paris; à Peiresc, conseiller au parlement d'Aix; enfin, au comte de Noailles, ambassadeur de France à Rome; toutes sont écrites en italien ou en latin: il n'y en a pas une seule en français.

4° Les prétendues lettres de Galilée à Pascal, présentées à l'Académie par M. Chasles sont signées : *Galilée Galilei.*

1. Expériences nouvelles touchant le vide, etc. — Paris, chez Pierre Margat, M DC XLVII, brochure in-8° de 32 pages.

2. Récit de la grande expérience de l'équilibre des liqueurs, projectée par le sieur B. P., (*a*), et faite par le sieur F. P., (*b*), en une des plus hautes montagnes d'Auvergne. Paris, Charles Savreux, 1648, in-4° de 20 pages.

3. Le opere di Galileo Galilei, prima edizione completa, condotta sugli autentici manoscritti palatini, etc., Firenze, 1842-1856, 16 vol. gr. in-8°.

(*a*) Blaise Pascal.
(*b*) Florin Perier.

Cette signature francisée n'était pas celle du célèbre astronome; son seul et véritable nom était *Galileo Galilei*, et il ne signait pas autrement.

5° Ces lettres portent la date des 2 janvier, 20 mai, 7 juin, 2 septembre et 2 novembre 1641. Dans chacune d'elles, Galilée parle de l'affaiblissement progressif de sa vue :

« Je ne vous en escrits pas davantage, car je me sens les yeux bien fatigués. Ma vue s'en va. » (2 janvier.) — « Ma vue s'en va de plus en plus, et c'est avec toutes les peines du monde que j'escris. » (20 mai.) — « Je suis toujours très-souffrant; je n'y vois presque plus. » (7 juin.) — « Continuez vos observations, et continuez aussi à m'en faire part. Car quoyque je ne voye presque plus rien, je n'en parviens pas moins à déchiffrer vos escrits moy-mesme, tant a sur moy de force l'amour de la science et le désir de son progrès. » (2 septembre.)

Il résulte de ces citations : d'une part, que les lettres d'où elles sont extraites sont présentées comme étant écrites par Galilée lui-même, et de l'autre qu'il avait beaucoup de peine à se servir de la plume, à cause de l'affaiblissement de ses yeux.

Or, dès le mois de janvier 1641, Galilée n'avait pas seulement la vue très-affaiblie, mais il était tout à fait aveugle, et cela depuis trois ans. Il avait entièrement perdu la vue en janvier 1638, et même en décembre 1637. « Sulla fine di quest' anno (1637) e sul principio del susseguente, perde affatto la vista, » dit l'éditeur des œuvres de Galilée[1].

« Je suis en mesure de prouver, dit M. Chasles, que Galilée n'a point été atteint d'une cécité *complète* dès la fin de 1637, mais seulement dans le dernier mois de 1641. Mais auparavant je ferai remarquer que M. Grant procède encore ici, comme M. Brewster, par des affirmations sans preuves. Où a-t-il vu qu'il soit *parfaitement établi* que Galilée ait été atteint d'une cécité *complète* dès la fin de 1637[2] ?

1. Epoche principali della vita di G. Galilei. — *Opere*, etc., tome VI, page 16.

2. Séance du 18 novembre 1867. — *Comptes rendus*, page 828. M. Grant,

Au risque d'encourir encore une fois le reproche d'avoir fait un pacte antipatriotique avec les Anglais, je dirai qu'il est très-facile de répondre à la question de M. Chasles, et dans les termes les plus péremptoires. Il suffit pour cela de s'adresser à Galilée lui-même, et d'interroger sa correspondance véritable, celle qui, publiée d'après des manuscrits authentiques, est à l'abri de toute contestation. On y trouve la preuve que Galilée souffrait, dès le commencement de 1637, de l'affection qui ne tarda pas à devenir une cécité complète.

« J'ai appris avec un chagrin extrême, lui écrivait, le 7 avril de cette année, un de ses fervents admirateurs, le mal dont vous souffrez à un œil, et je prie Notre-Seigneur pour votre complet rétablissement, car il est par trop injuste qu'ils soient atteints d'aucun mal ces yeux, dignes de rester éternellement ouverts, auxquels le Ciel lui-même a l'obligation d'avoir été par eux enrichi d'une infinité d'étoiles[1]. »

Diodati, à qui Galilée avait écrit, le 7 mars, que son œil droit était atteint d'une fluxion inflammatoire, lui demandait des nouvelles de sa vue le 12 mai suivant[2], et Galilée lui répondait le 6 juin :

« Je vous dirai sur la première demande que vous me faites, que je me trouve si gravement atteint par la fluxion de mon œil droit, que non-seulement je ne puis ni lire ni écrire une syllabe, mais encore qu'il ne m'est

directeur de l'Observatoire de Glascow, à qui répond ici M. Chasles, a adressé deux notes à l'Académie des Sciences, dans lesquelles il prouve, en s'appuyant sur des considérations à la fois scientifiques et historiques que Newton n'a pu recevoir de Pascal les éléments de sa grande découverte, et que Pascal n'a pu de son côté recevoir de Galilée, ainsi que le supposent les documents de M. Chasles, les observations astronomiques sur lesquelles il aurait dû baser ses calculs. M. Grant a conclu en exprimant la conviction que les documents présentés par M. Chasles sont entièrement faux. (*Comptes rendus*, pages 571 et 784).

1. *Le Opere di Galileo Galilei*, etc., tome X, page 203. — Lettre de Daniel Spinola.

2. Idem, tome VII, page 122.

pas possible de me livrer à aucun des exercices qui demandent l'emploi de la vue, ni plus ni moins que si j'étais tout à fait aveugle. Je me trouve donc dans une très-grande affliction, pour ne pas dire désespoir.... — Pour lire, ou plutôt pour connaître le contenu des trois dernières lettres que vous m'avez adressées, j'ai eu besoin de recourir à l'aide d'amis intimes, entre lesquels il y en a un qui a la bonté de rester auprès de moi pour m'assister dans les choses où ma mauvaise fortune me rend impuissant, et c'est cet ami qui écrit la présente[1]. »

Le 4 juillet suivant, Galilée, dans une nouvelle lettre à Diodati, lui annonce la perte totale de son œil droit, « de celui qui a eu à supporter de si grandes et de si glorieuses fatigues, » et il ajoute que l'autre, qui est bien mauvais, ne peut pas même lui rendre les faibles services qu'il en retirait, à cause d'une humeur qui en découle sans cesse, en sorte que tous les travaux pour lesquels la vue est nécessaire lui sont absolument interdits[2].

Le mal dont souffrait Galilée, mal si pénible, surtout pour celui qui, ainsi qu'il le dit lui-même avec une sorte de naïveté mêlée d'un juste orgueil, avait usé ses yeux glorieusement au

1. Voici les paroles même de Galilée : « Le dico que quanto alla prima domanda, ch'ella mi fa, io mi trovo tanto molestamente aggravato dalla flussione nell'occhio destro, che non solamente mi vien tolto il poter nè leggere, nè scrivere una sillaba; ma il far ancora nessuno di quegli esercizi che ricercano l'uso della vista, nè più nè meno che se io fossi del tutto cieco; trovomi perciò in una grandissima afflizione, per non dire disperazione. — Per leggere o, per dir meglio, per sentire il contenuto delle tre lettere ultimamente inviatemi da lei, mi è stato necessario ricorrere all'aiuto di amici confidentissimi, tra i quali uno per sua bontà resta appresso di me per aiutare quei bisogni, dove la mia mala fortuna mi tiene impotente, ed è questo amico quello che scrive la presente. » *Le Opere*, etc., tome VII, page 161.

2. « Aggiungesi (proh dolor!) la perdita totale del mio occhio destro, che è quello che ha fatto le tante e tante, siami lecito dire gloriose fatiche. Questo ora, signor mio, è fatto cieco; l'altro, che era ed è imperfetto, resta ancor privo di quel poco di uso, che ne trarrei quando potessi adoperarlo, poichè il profluvio d'una lacrimazione, che di continuo ne piove, mi toglie il poter far niuna, niuna, niuna delle funzioni, nelle quali si richiede la vista. » — *Le Opere*, tome VII, page 180.

service de la science, s'était bientôt accru jusqu'à la perte totale de la vue.

Boulliau avait écrit de Paris, le 30 octobre, à Galilée pour lui envoyer l'ouvrage qu'il venait de publier sur la lumière (*de Natura lucis*) et le prier de lui en dire son sentiment[1]. Galilée lui répondit, le 1er janvier suivant (1638), que lorsque son livre de la Lumière lui était parvenu, celle de ses yeux était entièrement éteinte; qu'il n'y voyait pas plus les yeux ouverts que fermés: qu'il y a des choses, telles que les démonstrations, pour lesquelles il est besoin de figures, qui ne peuvent nullement être comprises sans le secours des yeux; mais que tout ce qu'il a pu comprendre au moyen de l'ouïe, il l'a entendu avec beaucoup de plaisir[2].

Enfin, le 2 janvier, Galilée écrivait à Diodati, à Paris, qui lui avait demandé des nouvelles de sa santé :

« En réponse à votre très-généreuse lettre du 20 novembre, sur la première question que vous me faites concernant l'état de ma santé, je vous dirai que pour ce qui regarde le corps j'avais repris assez médiocrement mes forces. Mais, hélas! votre cher ami et serviteur Galilée est, depuis un mois, devenu à jamais et entièrement aveugle[3]. »

Cette assertion de Galilée est aussi formelle que lamentable. Elle est confirmée par la suite de sa correspondance qui nous

1. *Le Opere*, etc., tome X, page 241.

2. « Gratissimas literas tuas, lectissime vir, una cum libro de Natura lucis tunc accepi, cum jam oculorum meorum lux omnis est extincta. Siquidem fluxio, quæ mihi septem circiter ab hinc mensibus alterum oculum, meliorem scilicet, densissima obduxerat nube, rursus alterum imperfectum, qui mihi reliquus erat, et aliquem exiguum licet in rebus meis suggerebat usum, adeo atra obtexit caligine ut nihil amplius apertis oculis quam occlusis videam : ex quo fit ut per lucem mihi non liceat bene omnia percipere, quæ tuto tam diserte de luce scribis: demonstrationes enim quæ ex figurarum dependent usu, nullo pacto comprehendi sine lucis ope possunt : ea tamen quæ capere auribus potui, summa cum delectatione audivi. » — *Le Opere*, tome VII, page 205.

3. *Le Opere*, tome VII, page 207.... « Mai aimè, il Galileo vostro caro amico e servitore, da un mese in qua è fatto irreparabilmente del tutto cieco ... »

apprend en outre qu'indépendamment de la cécité complète, il était affligé d'une fluxion sur les yeux qui le faisait beaucoup souffrir. Dans cette situation misérable, âgé de 75 ans, sujet à de continuelles insomnies, dépérissant de jour en jour, il sollicita la permission de quitter sa villa d'Arcetri où il était interné[1] depuis plusieurs années par décret de l'inquisition, et de résider dans sa maison de Florence où il lui serait plus facile de trouver les secours qui lui étaient nécessaires. Le pape, avant de statuer sur cette demande, avait désiré être exactement renseigné sur l'état physique et les dispositions morales de Galilée, et l'inquisiteur de Florence se rendit à l'improviste, avec un médecin qui avait toute sa confiance, auprès de l'illustre malade. Il consigna le résultat de cette visite dans un rapport daté du 13 février 1638[2].

Ce document ne fait que confirmer ce qui est dit plus haut de la cécité complète de Galilée. Je me serais donc abstenu de le citer, si M. Chasles n'avait tenté, au moyen d'une interprétation hardie jusqu'à la témérité, d'en tirer une conséquence opposée. Voici d'abord le rapport traduit aussi littéralement que possible :

L'INQUISITEUR FANANO AU CARDINAL BARBERINI.

« Afin de satisfaire plus complétement aux ordres de la Sainteté de Notre

1. En réalité, Galilée était soumis à la peine de la détention ; on voit par une lettre qu'il écrivait, le 6 avril 1641, à une dame qui l'avait invité à venir la voir, qu'il se considérait comme en prison, et ce n'était pas sans raison, puisqu'il lui était interdit de s'éloigner de sa villa. « Il me fait peine, dit-il, de ne pouvoir accepter l'invitation que vous m'adressez, non-seulement à cause des nombreuses infirmités qui m'accablent dans cet âge très-avancé, mais parce que je suis encore retenu en prison (in carcere) pour des motifs qui sont très-bien connus du très-illustre cavalier votre mari et mon Seigneur. » *Le Opere*, tome VII, page 364.

2. Ce rapport, qui provient des Archives de l'ancienne Inquisition de Florence, a été publié pour la première fois, dans les Œuvres complètes de Galilée, tome X, page 280.

Seigneur, je me suis rendu en personne, à l'improviste, avec un médecin étranger, mon confident, à la villa d'Arcetri, pour constater l'état de Galilée, me persuadant de pouvoir ainsi non-seulement faire connaître le caractère de ses indispositions, mais encore découvrir et examiner les travaux auxquels il s'applique et savoir quelles sont ses habitudes, afin de voir jusqu'à quel point, en venant à Florence, il pourrait, par des réunions et des entretiens, propager son opinion condamnée du mouvement de la terre.

« Je l'ai retrouvé totalement privé de la vue et tout à fait aveugle[1] : et, bien qu'il espère se guérir, n'y ayant pas plus de six mois que la cataracte lui est survenue dans les yeux, le médecin toutefois, à cause de son âge de soixante-quinze ans dans lesquels il vient d'entrer, considère le mal comme à peu près incurable. Outre cela, il a une hernie très-grave, de continuelles douleurs pour la vie, puis une insomnie telle que, d'après ce qu'il affirme et ce qu'en rapportent ses domestiques, sur vingt-quatre heures, il n'en dort jamais une entière ; il est d'ailleurs dans un si mauvais état, qu'il a plutôt l'aspect d'un cadavre que d'une personne vivante[2]. La villa est éloignée de Florence et de plus, dans un lieu incommode, et à cause de cela, il ne peut que rarement, avec difficulté et beaucoup de dépenses, se procurer l'assistance du médecin. Ses travaux sont interrompus par la cécité, bien que parfois il se fasse lire quelque chose ; quant à sa conversation, elle n'est pas recherchée, parce que, étant réduit à un si mauvais état de santé, il ne peut ordinairement faire autre chose que se plaindre de ses maux et s'entretenir de ses infirmités avec ceux qui viennent quelquefois le visiter ; ainsi, sous ce rapport encore, je crois que dans le cas où la Sainteté de Notre Seigneur userait de son infinie bonté envers lui en l'autorisant à résider à Florence, il n'aurait pas occasion de faire des réunions, et alors qu'il l'aurait, il est mortifié de telle façon, que pour se ras-

1. « Jo l'ho ritrovato totalmente privo di vista, et cieco affatto.... »

2. Galilée dit à peu près les mêmes choses, dans une lettre du 7 août 1638, adressée à Diodati à Paris :

« Trovomi da circa un mese in qua sommamente afflitto et prostrato in letto, consumato di forze et di carne, che dispero del tutto il più poterne risurgere colla vita. Alla cecità, infiammazione e flussione d'occhi, si è aggiunto l'essere io stato travagliato da dolori colici.... — Aggiungesi a questo una perpetua vigilia, per la quale a gran fortuna mi tocca a dormire qualche quarto o mezz'ora sul far del giorno, talvolta un'ora o due verso la sera.... — Questi, signor mio, sono a me travagli grandi : ma molto maggiori sono è fastidj che mi perturbano per molti versi la mente e la fantasia, che lunghissima cosa sarebbe il raccontarli, nè io posso dettare anco questo poco, senza grave offesa della testa. — *Le Opere*, tome VII, page 214.

surer à cet égard, il suffirait, je crois, d'une bonne admonestation qui le tiendrait en bride : Voilà tout ce que je puis exposer à Votre Éminence. »

Cet exposé est aussi explicite que possible; il semble qu'il n'y ait qu'une seule manière de le comprendre. Tel n'est pas l'avis de M. Chasles:

« Ce rapport, dit-il, *prouve que la cécité n'était point complète*, quoique l'inquisiteur, dans une intention bienveillante, comme dans toutes les autres parties du rapport, dise : Je l'ai trouvé totalement privé de la vue.

« Pour en juger, il me faut mettre le rapport même sous les yeux de l'Académie; le voici : (M. Chasles en donne lecture.)

« On voit que ce rapport *est bienveillant dans toutes ses parties*, et que les infirmités ont été plutôt amplifiées qu'amoindries. Et quant à la vue, dont Galilée serait privé totalement, *il est évident qu'il y a exagération*, soit du fait de l'inquisiteur lui-même, soit dans la déclaration de Galilée; car une cataracte qui ne date que de six mois peut se prolonger et empirer pendant plusieurs années avant de devenir complète. Ce qu'*il faut remarquer* surtout, c'est *que Galilée espère se guérir*. Cet espoir paraîtra assurément très-significatif. Il faut remarquer encore que *l'inquisiteur n'a point interrogé, sur la déclaration de cécité, les personnes de la maison de Galilée*, comme il a fait pour les insomnies.

« *Il est donc certain qu'il n'y avait pas cécité complète*. Dès lors, Galilée pouvait continuer d'écrire, plus ou moins difficilement, avec des verres plus ou moins grossissants [1]. »

L'exposé du frère inquisiteur et le commentaire de M. Chasles offrent une telle contradiction, qu'il me semble assister en les lisant au dialogue suivant :

M. Chasles. Je viens de lire votre rapport et j'en suis bien satisfait, car il établit, à mon avis, d'une manière évidente, que Galilée n'avait point perdu la vue en 1638, comme l'affirment ceux qui prétendent qu'étant aveugle dès cette époque, il n'a pu écrire lui-même en 1641, les lettres que je lui attribue.

1. Séance du 18 novembre 1867. — *Comptes rendus*, page 828.

Le frère inquisiteur. Vous me surprenez au dernier point; je dis au contraire que Galilée est aveugle, entièrement aveugle. C'est un fait constaté par le médecin qui m'accompagnait et par moi-même : je ne comprends pas comment vous pouvez le mettre en doute. ....Parlez-vous sérieusement ?

M. Chasles. Tout inquisiteur que vous soyez, vous êtes charitable et bienveillant : il est clair que vous avez eu pitié de Galilée, et que voulant lui assurer la grâce de rentrer à Florence, vous l'avez représenté comme plus malade qu'il n'était. Convenez-en avec moi ; vous n'avez pas reculé devant un pieux mensonge pour venir en aide à ce pauvre grand homme et voilà ce qui vous a fait dire qu'il était *tout à fait aveugle*, quand il était encore capable de lire et d'écrire.

Le frère inquisiteur. Vous oubliez que l'opinion de Galilée sur le mouvement de la terre a été formellement condamnée; qu'il lui est interdit de la professer sous peine d'excommunication; je puis être touché, ainsi que vous, de ses infirmités et de sa vieillesse, et je le plains d'être dans l'erreur; mais je suis ici le représentant du saint-office; obligé en conscience de ne dire au pape que la vérité, je l'ai dite sans rien atténuer ou exagérer.

M. Chasles. Pourquoi vous faire plus sévère que vous ne l'êtes, et ne pas avouer que votre rapport est inspiré d'un bout à l'autre par un sentiment de bienveillance débonnaire qui ne peut que vous honorer?

Le frère inquisiteur. Galilée, entêté dans une opinion qui, sous prétexte de science, est une offense à la vérité des livres saints, peut mériter quelque pitié; mais je ne saurais avoir pour lui la bienveillance que vous me supposez, car ce serait manquer à tous mes devoirs.

M. Chasles. Il m'est bien difficile de croire, permettez-moi encore cette observation, qu'il n'y ait pas une exagération volontaire dans ce que vous écrivez au cardinal Barberini, en voyant, d'une part, que vous n'avez pas même pris la peine d'interroger les gens de la villa d'Arcetri sur la cécité de Galilée, comme vous l'avez fait pour son insomnie, et, de l'autre, que lui-même vous a exprimé l'espérance de guérir. Après tout, où serait le mal, quand vous auriez pris sur vous d'apporter quelque tempérament dans l'exécution des ordres qui vous ont été donnés?

Le frère inquisiteur. Vous êtes un très-éminent mathématicien, et je comprends, à votre point de vue, l'intérêt que vous portez à un homme qui, malgré le système déplorable dont il est entiché, est encore grand dans la science. Mais l'intérêt de la foi est supérieur à celui de la science. Je serais coupable de désobéissance envers le pape, et j'encourrais justement son excommunication, si j'apportais la moindre faiblesse dans l'exécution des ordres que j'ai reçus de Rome.

Si je n'ai pas interrogé les domestiques de Galilée au sujet de ses yeux, c'est qu'en vérité la chose n'était pas nécessaire; même quand je n'aurais pas eu un médecin avec moi, je ne pouvais pas m'y méprendre. Ce pauvre homme a l'espoir, il est vrai, que son mal n'est pas incurable; je sais même qu'il a fait demander une consultation à Giovani Trullio, le plus célèbre chirurgien de Rome [1]; mais son illusion est celle de tous les malades, et je crains bien pour lui qu'il ne la garde pas longtemps. Enfin, croyez bien que Galilée ne serait point autorisé à venir à Florence, même pour un jour, si l'état de sa santé ne l'exigeait impérieusement, et s'il ne prenait l'engagement de ne pas sortir dans la ville, et de ne jamais s'entre-

1. *Le Opere*, tome X, pages 258, 275 et 303. Trullio avait d'abord cru que Galilée avait une cataracte et qu'il serait possible de l'opérer; cette opinion dont il ne tarda pas à reconnaître l'inexactitude, encourageait sans doute l'espérance de Galilée.

tenir avec qui que ce soit du mouvement de la terre, sous peine d'emprisonnement formel et d'excommunication[1].

Il sera soumis, au surplus, à une rigoureuse surveillance, et j'aurai soin, en lui annonçant la permission que le pape veut bien lui accorder, de l'inviter à se rendre immédiatement au saint-office, dès son arrivée à Florence, pour entendre de moi plus en détail ce que j'ai à lui notifier et à lui prescrire[2].

Je laisse le dernier mot à l'inquisiteur. Il n'y a, en effet, rien à répondre au frère Fanano à qui, dans ce dialogue fictif, je ne prête absolument que la forme; le fond de ce que je lui fais dire lui appartient tout entier.

Galilée vint donc à Florence, mais il ne retira de ce séjour ni soulagement pour ses maux ni consolation pour son esprit. Il fut bientôt obligé de rentrer dans sa villa d'Arcetri, et il y demeura aveugle et infirme jusqu'à sa mort.

J'ai cité plus haut une lettre de Galilée à Diodati, en date du 7 août 1638, dans laquelle il dit qu'il garde le lit depuis un mois, n'ayant plus de forces et le corps réduit à rien, et qu'il désespère de pouvoir reprendre à la vie; qu'avec la cécité il est atteint d'une continuelle insomnie, etc.

1. *Le Opere*, tome X, page 287. « Io ho significato a Galileo Galilei la grazia fattali dalla Santità di N. S. e dalla sacra congregazione di potersi far portare dalla villa d'Arcetri alla sua casa in Fiorenza per curarsi delle sue indispozioni, e giontamente l'ho precettato *di non uscire per la città, con pena di carcere formale* in vita e di scomunica lata sentenza riservata a sua Beatitudine di non entrare con chi si sia a discorrere della sua dannata opinione del moto della terra. Egli si ritrova dall'età di 75 anni, dalla cecità, e da molte altre indispozioni e sinistri accidenti, che lo travagliano, talmente mortificato, che si puo facilmente credere, come ha promesso, che non sia per transgredire il comandamento che se gli è fatto. » (Second rapport de l'inquisiteur, du 10 mars 1638.)

2. Lettre du frère inquisiteur à Galilée, du 9 mars 1638. *Le Opere*, tome X, page 286. — L'illustre vieillard, sans égard pour les infirmités de toute sorte qui l'affligeaient, était traité comme un malfaiteur soumis à la surveillance de la haute police.

Le 15 janvier 1639, il écrit que « son état est déplorable et empire de jour en jour; ses infirmités sont nombreuses, et, par-dessus tout, il est affligé d'une cécité totale et perpétuelle qui le prive de pouvoir rien faire[1]. »

Le 30 décembre de la même année, il écrit à Boulliau qu'il s'est fait lire le livre qu'il lui a envoyé; « .... J'ai essayé, dit-il, de suppléer au défaut de la vue par l'ouïe, et avec l'aide d'un secours étranger, je vous ai écouté avec avidité.... — Je vous souhaite la bonne santé après laquelle je soupire avec anxiété au sein des ténèbres qui m'entourent[2]. »

En avril 1640, écrivant au prince Léopold de Toscane, il le prie d'excuser le retard qu'il a mis à lui répondre, à cause de la perte misérable de sa vue « qui, dit-il, me rend nécessaire le secours des yeux et de la plume d'autrui, nécessité qui occasionne une grande dépense de temps; joint surtout à cela cet autre défaut, que j'ai, à cause de mon âge avancé, perdu une grande partie de ma mémoire, de sorte que pour faire déposer sur le papier mes pensées, j'ai besoin de me faire relire plusieurs fois les phrases d'abord écrites, pour pouvoir y rattacher celles qui suivent et éviter de répéter les choses déjà dites[3]. »

Mais je n'écris pas la biographie de Galilée; et quel que soit l'intérêt qui s'attache à sa mémoire, je me suis peut-être er-

1. *Le Opere*, tome VII, page 226.

2. *Le Opere*, tome VII, page 245.... « Et felicissimam precor valitudinem, quam ipse in tenebris positus anxie suspiro. »

3. *Le Opere*, tome VII, page 261.... « Prego che sia servita di accettare la mia scusa, condonando tutto l'indugio alla mia miserabil perdita della vista, per il cui mancamento mi è forza ricorrere all'aiuto degli occhi e della penna di altri, dalla qual necessità ne seguita un gran dispendio di tempo: e massime aggiuntovi l'altro mio difetto di aver per la grave età diminuita gran parte della memoria, si che nel far deporre in carta i miei concetti, molte e molte volte mi bisogna far rileggere i periodi scritti avanti, per poter soggiungere gli altri seguenti, e schivar di non ripeter più volte le cose già dette. »

rêté plus qu'il n'était nécessaire sur les douleurs de ses dernières années.

Il n'en fallait pas tant, en effet, pour démontrer que les prétendues lettres de Galilée à Pascal ne sont qu'une invention aussi malhabile que coupable ; que les observations astronomiques qui auraient été faites par Galilée à une époque où, depuis plusieurs années, il était privé de la vue, et dont il aurait donné connaissance à Pascal, sont complétement chimériques[1].

On a vu plus haut, le soin qu'avait pris le faussaire, pour mieux faire croire aux relations qui auraient existé entre Newton et Pascal, de fabriquer des lettres de toute sorte, dans lesquelles il en est fait mention. Il a usé du même procédé en ce qui concerne les relations supposées de Galilée avec Pascal. Là encore il a essayé de produire des témoignages sous la forme de lettres qu'il attribue tour à tour à Viviani, à Torricelli, à Boulliau, à Huyghens. Je ne m'arrêterai pas à prouver la fausseté de ces lettres qui tombent d'elles-mêmes avec l'invention principale dont elles sont l'accessoire. Je ne citerai qu'un seul de ces faux témoignages; c'est une lettre que Pascal aurait adressée à Fermat :

PASCAL A FERMAT.

Ce 16 octobre 1641.

Je viens d'apprendre par l'intermédiaire du R. P. Boulliau, des nouvelles du très-docte Galilée qui lui mande que M. Torricelli qu'il attendoit depuis

1. Suivant les faux documents dont il s'agit, Galilée aurait alors découvert le satellite de Saturne, et fait part de sa découverte à Pascal. Or s'il est, dans l'histoire de l'astronomie, un fait à l'abri de toute contestation, c'est que cette découverte fut faite par Huyghens en 1655. — S'il fallait en croire les documents acquis par M. Chasles, Huyghens serait un plagiaire aussi bien que Newton. L'Académie des Sciences des Pays-Bas a cru devoir faire examiner la question par trois de ses membres qui, en ce qui concerne Huyghens, n'ont pas eu de peine à démontrer la fausseté de ces documents. Voir le Rapport fait à l'Académie royale des Sciences des Pays-Bas, section de physique, le 25 janvier 1868. Amsterdam, Vander Post, 1868.

quelque temps est enfin chez luy en ce moment, pour l'aider dans ses travaux et estre le compagnon de ses estudes avec le jeune Viviani. Selon moi, et à en juger par les quelques lettres que j'ai déjà reçues de luy et par les éloges que m'en a fait le P. Castelli dans ses lettres, Torricelli est l'homme le plus capable de recueillir les grandes connaissances et les spéculations sublimes que le grand âge de M. Galilée, la faiblesse de sa vue et ses autres infirmités ne lui permettent plus de faire luy-mesme. Car il est devenu très-caduc, et il paroist qu'il ne voit que très-peu maintenant : il peut encore lire et escrire, mais non estudier les astres.

Datée d'une époque où Pascal n'était pas encore en correspondance avec Fermat, cette lettre présente tous les genres d'invraisemblance. Mais rien n'égale celle du style. « .... *Les quelques lettres que j'ai reçues....* » — « Le *très-docte* Galilée, devenu *très-caduc* et laissant à Torricelli le soin de *recueillir les grandes connaissances et les spéculations sublimes* qu'il n'est plus en état de *faire lui-même !* » — Nous retrouvons là le langage du faux Pascal auquel j'ai hâte de revenir.

IX

Lorsque j'ai pour la première fois signalé le style des notes et lettres attribuées à Pascal comme une des meilleures preuves de la non-authenticité de ces documents, M. Chasles s'est vivement récrié contre la sévérité de mon appréciation. Il n'était assurément pas obligé de l'accepter sans contrôle ; mais s'il eût tenu à savoir jusqu'à quel point son bon goût s'était laissé surprendre après sa bonne foi, il lui était facile de s'en assurer. Il n'avait qu'à frapper à une porte voisine : l'illustre secrétaire perpétuel de l'Académie française, M. Villemain, dont les jugements, en tout ce qui touche à l'éloquence écrite ou parlée, sont sans appel, lui aurait dit bien vite ce qu'il faut penser de la prose de ce nouveau Pascal.

Le Pascal très-imprévu qu'a prétendu nous révéler M. Chasles, a le style tantôt vulgaire et trivial, tantôt emphatique, suivant que le faussaire écrit de lui-même et à sa manière, ou qu'il emprunte son éloquence à quelques auteurs du dix-huitième siècle, au P. Guenard ou à Thomas, par exemple.

Le fabricateur qui, s'il fallait s'en rapporter à M. Chasles, *aurait fait* tour à tour *du Pascal, du la Bruyère* et *du Montesquieu*, sans compter Louis XIV, Newton, Galilée et tant d'autres encore, ajoute, en effet, à son honnête industrie celle de plagiaire. Il serait fastidieux de rechercher toutes les traces de ce plagiat; je me bornerai à en citer deux exemples.

Dans une lettre que Pascal aurait écrite, le 20 mars 1659, à son *jeune ami* Newton, on trouve le passage suivant, qui est visiblement emprunté au P. Guenard.

FAUSSE LETTRE DE PASCAL[1].	EXTRAIT DU P. GUENARD[2].
« ....Les grands génies vont chercher les vérités au *fond des abîmes*....	« .. .Descartes a agité le flambeau du génie dans l'*abîme de la science*, et il en a éclairé les *profondeurs*....
. . . .	« Il est aisé de compter les hommes fameux qui n'ont pensé d'après personne, et qui ont fait penser d'après eux le genre humain. Seuls et la tête levée, on les voit marcher sur les hauteurs; tout le reste des
« Avant Descartes, les ténèbres étaient répandues sur la face de l'Europe; les hommes, *aveugles adorateurs d'Aristote, rampoient devant ses*	philosophes suit comme un troupeau. *Adorateurs stupides de l'antiquité*, les philosophes ont *rampé de-*

1. Séance du 2 septembre 1867. — *Comptes rendus*, page 382.

2. Discours qui a remporté le prix d'éloquence à l'Académie française, en l'année 1755. Paris, chez Brunet, 1755, in-8°.

décisions obscures, et se traisnoient depuis deux mille ans sur ses vestiges. La raison condamnée au silence se trouvait abattue sous l'autorité qui protégeait l'erreur. »

vant vingt siècles sur les traces des premiers maîtres : la raison, condamnée au silence, laissoit parler l'autorité; aussi rien ne s'éclaircissoit dans l'univers, et l'*esprit humain, après s'être traîné deux mille ans sur les vestiges d'Aristote*, se trouvoit encore aussi loin de la vérité. » (Page 10.)

Le plagiat est manifeste; et il y a tout lieu de croire que ce n'est pas seulement le P. Guenard qui a été mis ici à contribution.

Mais voici un plagiat plus complet. Le faussaire emprunte cette fois le style de Thomas, pour le prêter à Pascal écrivant à la reine Christine. Le lecteur va faire lui-même la confrontation :

FAUSSE LETTRE ATTRIBUÉE A PASCAL PAR M. CHASLES.

A SA MAJESTÉ LA ROYNE CHRISTINE.

Ce 2 octobre 1650.

« Madame, la modestie de monsieur Descartes estoit encore plus grande que ses connoissances; *cette modération* fut son égide; il *recommanda souvent cette vertu à ses disciples. Monsieur Descartes auroit volontiers consenti à estre ignoré pour estre utile. L'indépendance* estoit le premier moyen de l'estre. Elle *fut aussi son premier besoin.*

« *L'indépendance* dont nous parlons

EXTRAIT DE L'ÉLOGE DE DESCARTES PAR THOMAS[1].

« *Sans cesse il recommandoit la modération à ses disciples;* mais il s'en falloit bien que ses disciples fussent aussi philosophes que lui. Ils étoient trop sensibles à la gloire de ne pas penser comme le reste des hommes; la persécution les animoit encore, et ajoutoit à l'enthousiasme. *Descartes eût consenti à être ignoré pour être utile* (page 164).

« ....C'est dans la solitude surtout que l'âme a toute la vigueur de l'indépendance ... *Cette indépendance*, après la vérité, *étoit la plus grande passion de Descartes* (p. 66).

« *L'indépendance*, dont il est ici

1. Œuvres complètes de Thomas, de l'Académie française. Paris, édition de Desessarts, an X (1802), tome II.

est ce sentiment honneste et vertueux qui ne connoît d'autre assujetissement que celuy des loix, qui pratique tous les devoirs de citoyens et de sujets, mais *qui ne peut souffrir d'autres chaines; respecte les titres, mais n'estime que le mérite; ne fait sa cour à personne parce qu'il ne veut dépendre que de luy mesme, se conforme aux usages établis mais se réserve la liberté de ses pensées, Celuy qui est trop soumis aux hommes ne sera pas longtemps soumis aux loix, et pour estre vertueux il faut estre libre. Il n'y a rien peut-estre de plus beau dans Homère que cette idée, que du moment qu'un homme perd sa liberté il perd la moitié de son âme. On retrouve ce sentiment* mille fois répété *dans les ouvrages de Descartes. Je mets, dit-il dans une de ses lettres* qu'on m'a communiquées, *ma liberté à si haut prix, que tous les rois du monde ne pourroient me l'acheter.* Je vous entretiendrai, Madame, dans une autre lettre de la marche que suivit l'esprit de M. Descartes.

« Je suis

« Madame, de Vostre Majesté le très-humble et très-dévoué serviteur.

« PASCAL. »

question, *est ce sentiment honnête et vertueux qui ne connoît d'autre assujettissement que celui des lois; qui pratique tous les devoirs de citoyen et de sujet, qui ne peut souffrir d'autre chaîne; respecte les titres mais n'estime que le mérite; ne fait sa cour à personne,* parce qu'il *ne veut dépendre que de lui même; se conforme aux usages établis, mais se réserve la liberté de ses pensées.* Une telle indépendance, loin d'être criminelle, est le propre caractère de l'honnête homme; car il n'y a point de vraie honnêteté sans élévation dans l'âme. *Celui qui est trop soumis aux hommes ne sera pas longtemps soumis aux lois; et pour être vertueux il faut être libre. Il n'y a rien peut-être de plus beau dans Homère que cette idée, que du moment qu'un homme perd sa liberté, il perd la moitié de son âme. On retrouve ce sentiment en mille endroits des ouvrages de Descartes. Je mets, dit-il dans une de ses lettres, ma liberté à si haut prix que tous les rois du monde ne pourroient me l'acheter.* Ce sentiment influa sur la conduite de toute sa vie » (page 153).

Cette prétendue lettre de Pascal à la reine Christine n'a pas été publiée dans les comptes rendus de l'Académie, mais elle fait partie des pièces que M. Chasles a bien voulu me communiquer. On en trouvera le fac-simile au moins partiel à la suite de ce mémoire[1], et l'on verra que l'écriture et la signa-

1. Voir le *fac-simile* O. Ce que le *fac-simile* ne peut malheureusement [illegible] pas reproduire, c'est la physionomie menteuse du document: cette [illegible]

ture n'ont rien qui ressemble à celles de Pascal. Quant au style, on sait maintenant à qui il appartient.

Dans la séance du 28 octobre 1867, M. Chasles, après avoir dit que j'avais *le mérite d'avoir le premier imaginé le faussaire*[1], a fait les questions suivantes :

Sans parler de la prodigieuse activité et des connaissances sur toutes choses dont il aurait fait preuve, ne me suffit-il pas d'invoquer *ce style d'il y a deux siècles, ce style empreint du génie de Pascal dans toutes les phases de sa vie* scientifique et littéraire, que le faussaire aurait su reproduire ? où l'aurait-on trouvé ce faussaire ?

« Cette seule considération n'aurait-elle pas dû rendre plus circonspects les ennemis de la gloire de Pascal, et M. Faugère surtout[2] ? »

Si je ne puis dire à M. Chasles où se trouve le faussaire, je lui indique du moins, comme on vient de le voir, une des sources où il puise ces connaissances et ce style qui font l'admiration de l'éminent géomètre. M. Chasles, qui se considère sans nul doute comme un *ami* de la gloire de Pascal, trouvera-t-il donc que cette gloire ait quelque chose à gagner à ce que des lambeaux dérobés à la prose du P. Guenard ou à celle de Thomas soient déloyalement introduits dans l'héritage de l'auteur des *Provinciales* et des *Pensées*?

Si j'ai pu constater deux plagiats aussi flagrants parmi le

fraiche sur un papier qui n'est pas du temps de Pascal, mais qui est ancien et enfumé ; c'est enfin la dimension exiguë de ce papier, toutes circonstances qui accusent le faux matériel. Ce n'est pas de cette manière que Pascal se serait permis d'écrire à une reine, lui qui écrivait à sa sœur ainée, Mme Perier, sur un grand papier, avec des formes si respectueuses (voir le fac-simile A).

On remarquera que le mot *Madame*, qui commence la lettre, n'est pas *en vedette*, ce qui constitue une inconvenance que Pascal n'aurait pas commise. Dans une autre lettre, le faussaire pousse l'oubli des convenances et du respect jusqu'à faire dire par Pascal à la reine Christine : « Je termine cette lettre *en vous assurant de mon affection.* » (*Comptes rendus*, p. 383).

1. M. Chasles m'attribue ici un mérite qui lui appartient : c'est lui qui a tiré le faussaire de son obscurité ; je n'ai fait que le démasquer.

2. *Comptes rendus* de 1867, page 685.

petit nombre de documents que j'ai eus à ma disposition, que serait-ce si on étendait cette recherche aux milliers de pièces dont se compose la collection de M. Chasles! Les fraudes du même genre doivent y être innombrables.

Un professeur de l'Université de Londres, M. Archer Hirst, a déjà signalé comme appartenant à un des écrits de Samuel Clarke, un passage que le faussaire a reproduit avec une légère modification, en y apposant le nom de Newton [1].

Il est à peine besoin d'ajouter que les Œuvres de Newton lui-même ont été mises à contribution par le fabricateur de la collection acquise par M. Chasles. Le directeur de l'Observatoire de Glascow, M. Grant, a mis suffisamment en lumière ces emprunts auxquels le faussaire devait naturellement avoir recours [2]. Pour faire croire aux prétendues communications de Pascal que Newton se serait appropriées, il fallait bien établir une sorte d'identité ou d'accord entre les véritables écrits de l'un et les écrits supposés de l'autre. Or, le moyen était bien simple : c'était d'emprunter à Newton lui-même ce qu'on voulait lui faire donner par Pascal. Pour le fond, sinon pour la forme, ce plagiat était inévitable.

Désirant ne pas m'aventurer dans le domaine de la science proprement dite, et me renfermer dans les limites de ma compétence personnelle, je me bornerai à cette observation [3]. La question scientifique qui s'est élevée entre Newton et le faux Pascal a d'ailleurs été élucidée en Angleterre et en France

1. Voir dans le *Times* du 1er octobre 1867, la lettre adressée à l'éditeur de ce journal, par M. Hirst.

2. *Comptes rendus*, page 576.

3. Je m'abstiens, par le même motif, de faire usage des notes qu'ont bien voulu m'adresser deux savants français, dont l'un appartient à l'Université, dans lesquelles la question astronomique se trouve exposée avec une grande clarté. Sous quelque face que l'on envisage le faux Pascal, on arrive toujours à la même conclusion, c'est-à-dire l'impossibilité d'admettre aucun des documents présentés par M. Chasles.

par de savants astronomes, de façon à ne laisser aucun doute pour tout esprit non prévenu.

Cependant le faussaire ne se contente pas d'emprunter pour donner à autrui ; il écrit aussi de lui-même et beaucoup trop sans doute, et il ose attribuer son propre style à plusieurs des grands esprits dont s'honorent la France, l'Angleterre et l'Italie.

On pourrait signaler dans ce style de mauvais aloi, une multitude de mots et d'expressions qui n'existaient pas au dix-septième siècle. On a déjà cité le mot de *mystification* que le faussaire a maladroitement prêté à Pascal dans une lettre adressée à Robert Boyle le 6 janvier 1654[1].

Ce mot, en effet, était inconnu du temps de Pascal, et ce n'est qu'environ cent ans plus tard qu'il commença à être en usage. Le Dictionnaire de Richelet, dans la nouvelle édition publiée en 1759, n'en fait point mention. Il ne figure pas non plus dans la quatrième édition du Dictionnaire de l'Académie française, publiée en 1762, ni dans la cinquième, publiée en 1813, mais seulement dans la sixième, en 1835.

1. Séance du 29 juillet 1867. — *Comptes rendus*, page 189, M. Chasles fait remarquer que le millésime de cette lettre est *couvert d'encre;* mais qu'il doit être 1654.

« Monsieur, j'ai reçu dernièrement une lettre accompagnée d'un mémoire d'un jeune estudiant anglois traitant du calcul de l'infini ; un autre sur le système des tourbillons, et un troisième sur l'équilibre des liqueurs et la pesanteur. J'ai remarqué dans ces divers mémoires des traits de lumière qui m'ont véritablement surpris, surtout de la part d'un jeune homme à peine sorti de l'enfance. Car on m'a dit qu'il avoit à peine treize ans (*a*). C'est au point que j'ai esté un instant tenté de croire que ces travaux devoient venir d'un savant fort versé dans ces matières, mais qui sans doute par MYSTIFICATION auroit emprunté le nom de ce jeune estudiant. Il en est de vos compatriotes qui ont de si bizarres idées..., etc.

« PASCAL. »

(*a*) Newton, né le 25 décembre 1642, n'aurait été âgé que de douze ans, et non de treize.

Voltaire, dont le goût littéraire était sévère et délicat, se plaignait, en 1767, de ce que l'on commençait à introduire, dans l'usage, certains néologismes parmi lesquels il cite le mot *mystifier*, et il faisait précisément remarquer que cette expression n'eût pas été employée du temps de Pascal. « Dites-moi, écrivait-il à l'abbé d'Olivet, doyen de l'Académie française, dites-moi si Racine a *persiflé* Boileau, si Bossuet a *persiflé* Pascal, et si l'un et l'autre ont *mystifié* la Fontaine, en abusant quelquefois de sa simplicité[1]?... »

Voltaire, suivant toute apparence, fait ici allusion aux très-mauvaises plaisanteries, alors connues sous le nom de *mystifications du Petit-Poincinet*. On trouve le récit de ces aventures dans les Mémoires de Monnet[2].

« Pour varier un peu ces Mémoires, dit l'auteur, et ne pas occuper mes lecteurs de ma seule personne, j'ai cru devoir y joindre quelques aventures véritables déjà connues et nommées vulgairement les mystifications du petit P....

« On entend par *mystifications*, ajoute l'auteur, les piéges dans lesquels on fait tomber un homme simple et crédule que l'on veut persifler. »

Le soin que prend ici Jean Monnet d'expliquer le sens du mot *mystification*, prouve que cette expression était encore nouvelle en 1772.

A ce témoignage et à celui de Voltaire, on peut joindre encore celui de Mercier. Voici l'intitulé et le commencement du chapitre CLXIV du *Tableau de Paris*[3].

1. Lettre du 5 janvier 1767. *Œuvres de Voltaire*, édition Beuchot, tome 63, page 524.

2. *Supplément au roman comique ou Mémoires pour servir à la vie de Jean Monnet*, etc. Ecrits par lui-même. Londres, 1772, 3 volumes in-12. Tome 2, page 107.

Il est aussi question des *mystifications* de Poinsinet dans la correspondance de Grimm, 15 septembre 1764, et dans les mémoires secrets de Bachaumont.

3. *Tableau de Paris*, nouvelle édition, 1782, tome 2, page 178.

Mystifier. Mystification.

« Mots nouveaux parmi nous, et qu'on ne saurait expliquer que par des exemples. On doit leur création au caractère du *Petit Poincinet*, qui, après avoir fait des opéras-comiques à Paris, se noya par accident dans le Guadalquivir. Versificateur, bel esprit et d'une crédulité inconcevable, il alliait à du talent une singulière ignorance des choses les plus communes. »

En voilà assez, je suppose, pour prouver de la façon la plus péremptoire que Pascal n'a jamais écrit ni dû écrire ce mot de *mystification*.

C'est dans la séance du 29 juillet 1867 que M. Chasles communiqua à l'Académie la prétendue lettre de Pascal où se trouve le mot *mystification*. Dans la séance du 2 septembre, M. Chasles revient courageusement sur ce mot, à cause, dit-il, des observations dont il a été l'objet :

« On ne le trouve pas, m'a-t-on dit, dans les vocabulaires de l'époque. Mais est-ce que les vocabulaires font les mots ? Est-ce qu'ils ne se bornent pas à inscrire ceux qui sont suffisamment en usage ?... Beaucoup de mots de Montaigne n'ont-ils pas attendu plus d'un siècle leur inscription aux vocabulaires ? Pascal en fait l'observation au sujet du mot *enjoué*, dans une lettre que je ferai connaître. Le mot *mystification* ne peut-il pas venir de *myste*, plusieurs fois employé par Rabelais dans son troisième livre de Pantagruel[1] ? »

Myste, qui n'est que la transcription française du mot grec μύστης, signifie *prêtre*, ou *initié aux mystères*, dans Rabelais qui cherche sans cesse à déguiser sous des mots savants qu'il invente, les choses ou les personnages, objets de ses allusions ou de ses satires. Que le mot *mystification*[2] en vienne

1. *Comptes rendus* de 1867, page 384.

2. Puisque me voilà engagé dans une sorte de dissertation, je citerai encore les lignes suivantes que j'emprunte au *Dictionnaire* de M. Littré : « On trouve

ou non, cela ne fait rien à la question qui est uniquement de savoir s'il aurait été employé par Pascal.

Pour prouver qu'il y a des mots qui ne prennent place dans les dictionnaires qu'après un siècle d'attente, M. Chasles mentionne *une lettre de Pascal* où il est question du mot *enjoué :* encore une intervention du faussaire! Ce qui m'étonne le plus, ce n'est pas l'infatigable activité — *l'improbus labor* — de cet homme ingénieux : c'est l'absolue confiance de M. Chasles retombant toujours dans un ordre de preuves essentiellement vicieux, et ne se lassant pas d'accepter ses arguments des mains du faussaire qui l'enveloppe de ses papiers comme dans une robe de Déjanire!

Je craindrais d'abuser sans utilité de la patience des lecteurs, après avoir mis la mienne à une fatigante épreuve, si j'énumérais ici toutes les locutions et les mots étrangers à la langue du dix-septième siècle que j'ai relevés dans ceux des documents de M. Chasles qui sont datés de cette époque[1]. Je me bornerai donc à quelques citations encore empruntées aux prétendues lettres de Pascal à Newton.

Lettre du 6 janvier[2].... « Ce qui me semble FORT pour un jeune homme. » Cette locution n'a commencé à apparaître qu'au dix-huitième siècle, et même on ne la rencontre pas chez les bons écrivains.

Lettre du 20 mai 1654[3].... « J'ai appris avec quel soin vous cherchiez à vous INITIER AUX SCIENCES *mathématiques et géométrique....* »

dans le XVIe siècle *Mistigouri*, *mystigorfier*, qui a un sens à peu près analogue, et dont la composition est du reste inconnue. Il est probable qu'on s'est souvenu de ces mots, quand on a créé pour Poinsinet *Mistifier*. »

1. Il ne peut être ici question que des documents déjà produits par M. Chasles et qui ne forment qu'une très minime partie de sa collection; les observations analogues seraient innombrables évidemment, si elles portaient sur cette collection tout entière.

2. *Comptes rendus* de 1867, page 189. — 3. *Comptes rendus* de 1867, p. 189.

Initier aux sciences est une locution du dix-huitième siècle : du temps de Pascal on disait seulement, *initier aux mystères*, dans le sens propre et direct du mot.

Le mot *initier* est un de ceux que le faussaire emploie le plus fréquemment, et souvent dans un sens qui constitue en outre une faute de français : « *l'idée qu'il m'a initiée ; — qui m'ont initié le culte des sciences...*, etc.[1]. »

De plus, le mot *géométrique* ajouté à celui de *mathématiques* dans lequel il se trouve compris, est ici dépourvu de sens, ou du moins inutile.

Même lettre.... « Je vous envoie divers problesmes qui ont esté autrefois l'objet de *mes* PREOCCUPATIONS touchant les lois de l'abstraction[2], afin d'exercer votre *génie.* »

Le mot *préoccupation* qui est ici employé dans le sens d'*application* plus ou moins attentive de l'esprit, est une locution moderne : il signifiait au temps de Pascal tout autre chose, et Richelet le définit « *une sorte de prévention.* »

Lettre du 2 mai 1655[3].... « Ce que l'on m'a raconté de votre GENIE précoce m'a esté très agréable.... »

Lettre du 20 janvier 1659[4].... « Son œil (de Descartes) embrasse l'univers qui n'est pas plus vaste que son GÉNIE.... »

Le mot *génie* qui se trouve dans cette phrase et les deux autres citées plus haut, y est employé dans un sens tout moderne, et qu'il n'avait pas encore du temps de Pascal. On entend aujourd'hui, en effet, par *génie* un don extraordinaire de l'intelligence, une inspiration supérieure accordée à certains hommes plus ou moins privilégiés. Au milieu du

1. *Comptes rendus*, page 547.
2. *Abstraction*, comme le remarque M. Chasles, est ici pour *attraction*. C'est évidemment une des fautes qui doivent être attribuées au copiste employé par le faussaire.
3. *Comptes rendus*, page 190.
4. *Comptes rendus*, page 191.

dix-septième siècle, le mot *génie*, quand il était employé dans le sens d'*ingenium, esprit* ou *âme*, n'impliquait aucun caractère de supériorité : et, en ce cas même, il ne s'employait pas seul et avec une signification absolue, mais toujours avec une épithète qui en déterminait la signification, soit en bien, soit en mal.

Lettre du 2 mai 1655.... « Quand on marche avec nonchalance et avec froideur dans la CARRIÈRE QU'ON A EMBRASSÉE.... » *Carrière,* dans le sens de *profession,* ne se disait pas en 1655; on eût dit *entrer* dans une carrière; la *parcourir : embrasser une carrière* est une expression moderne, c'est-à-dire qui ne remonte guère qu'à Voltaire, dans les ouvrages duquel on la trouve.

Même lettre.... « Surtout bannissons la trop grande MÉFIANCE; elle est une langueur de l'âme, etc.... »

Cette expression ainsi employée n'est pas française : il aurait fallu dire *méfiance de nous-mêmes;* et encore est-ce là une locution du dix-huitième siècle. *Méfiance*, du temps de Pascal, ne s'employait qu'au sens propre et n'avait nullement la signification qui lui est attribuée dans cette prétendue lettre de Pascal.

Même lettre.... « *Informez-moi des* INSPIRATIONS que ces auteurs vous auront *suggérées*.... »

Inspirations suggérées n'est pas une locution française, surtout au temps de Pascal. On disait alors seulement les *inspirations de Dieu.*

Lettre du 2 décembre 1657[1].... « Je vous fais parvenir par l'INTERMÉDIAIRE d'un de mes amis.

Par l'intermédiaire est encore une expression moderne: le Dictionnaire de Richelet, même dans les éditions du dix-huitième siècle, ne la donne point, et M. Littré n'en cite pas

1. *Comptes rendus*, page 190.

d'exemple avant Raynal. Du temps de Pascal on disait : *Par le moyen*, expression plus simple et primitive.

Lettre du 22 novembre 1658[1] « .... Lorsque Copernic eut découvert que la terre obéissait à trois mouvements principaux, il estoit naturel.... d'en *apprécier les influences réciproques*.... »

Apprécier des influences appartient à la langue du dix-huitième siècle. *Apprécier*, au dix-septième siècle, ne s'employait que dans le sens propre, c'est-à-dire *fixer le prix* d'une marchandise, d'un objet quelconque. Le sens figuré n'a été mis en usage que bien plus tard.

Même lettre : « .... *Donner le fil à un grand nombre de vérités*.... »

Voilà du bien mauvais français! Comment croire qu'un pareil jargon ait pu jamais se trouver sous la plume de Pascal?

Je ne pousserai pas plus loin cette énumération, déjà trop longue peut-être dans sa monotonie, mais qui peut ne pas être inutile pour détromper, à l'aide d'une démonstration de détails, ceux qui, hésitant à se prononcer sur le caractère général des documents auxquels a été mensongèrement apposé le nom de Pascal, n'auraient pas reconnu au premier abord combien ils sont étrangers à la simplicité, à la profondeur, à la délicatesse, à la force, à la couleur, à l'accent, enfin à tout ce qui caractérise le style de l'incomparable écrivain[2].

1. *Comptes rendus*, page 190

2. Parmi les pièces prétendues écrites de la main de Pascal, dont M. Chasles a bien voulu me donner communication, il y a une lettre à Boyle qui n'est autre que la copie textuelle d'un passage du traité de Pascal sur la Cycloïde ; et une note, intitulée *Réflexions sur la géométrie*, qui n'est également qu'une copie d'un passage emprunté aux œuvres de Pascal. — En introduisant quelques pièces de cette espèce dans sa collection, le faussaire a sans doute espéré donner plus de crédit à l'ensemble de sa fabrication.

Le faussaire a prêté aux sœurs de Pascal un style non moins mensonger que l'écriture qu'il leur attribue. Je me bornerai à appeler l'attention du lecteur sur deux des pièces qui figurent parmi les *Fac-simile*[1]. L'une est une lettre que Mme Perier aurait adressée à Nicole ; je la cite sans commentaire, en soulignant seulement certains passages :

Je n'ignore pas, Monsieur, les relations que vous aviez avec feu mon frère, et l'attachement qu'il avoit pour vous. *Chaque fois* qu'il me parloit de vous c'estoit *toujours* avec beaucoup de respect et de *bienséance*.

J'ay formé le projet, Monsieur, de réunir toutes les pensées de mon frère, tant celles qui sont dans ses lettres, que *celles détachées par luy*, et *dans* former *un assemblage*. Je scay qu'il vous a escrit beaucoup de lettres, et dans ces lettres se trouvent sans doute des pensées que je ne puis espérer de retrouver nulle part. S'il vous estoit agreable[2], Monsieur, de me communiquer toutes les lettres qu'il vous a escrites pour que je puisse *en relever* les pensées *les plus saillantes*, vous me ferez bien plaisir, et vous en *scauray beaucoup de reconnoissance*. J'attens vostre reponse avec impatience. Je suis, Monsieur, vostre tres obéissante servante.

G. PASCAL.

A Monsieur Nicole.

L'autre pièce est un *Cantique spirituel* que Jacqueline Pascal aurait composé pour son frère. Je suis un peu honteux d'avoir à transcrire une pareille banalité :

MON CHER FRÈRE,

Que jestois heureuse autrefois
Lorsque jouant en ta présence
Je n'avois point ce rude poids
Ni cette affreuse dependance
Qui me fait payer pour autrui
Ce qui ne paye pas pour luy[3].

1. *Fac-simile* K et N.
2. Le mot *agréable* est écrit en surcharge au lieu du mot *égal*, d'abord mis sans doute par une erreur du copiste. Voir le *fac-simile* K.
3. Il y a encore là sans doute une faute du copiste.

Hélas! mon Dieu que t'ai-je fait?
Je souffre un très rude martyre;
Je ne connois point mon forfait
Et je ne sçaurois plus que dire.
Dois-je donc souffrir pour tous ceux
Qui ne plaisent pas à tes yeux.

Je suis à toy divin espoux
Et je respecte la justice.
Je veux bien porter ton courroux
Si ta bonté leur est propice,
N'ayant plus d'interest humain
Je m'abandonne entre tes mains.

Tu sçays, o Seigneur tout puissant
Que je ne veux rien que ta gloire
Je suis comme un petit enfant
Sans soin, sans esprit, sans mémoire;
O toi qui possède mon cœur
Pour eux j'éprouve ta rigueur.

Jacqueline Pascal,
En religion sœur Sainte-Euphémie.

Je ne m'arrêterai pas à faire remarquer que cette versification en manière de complainte ne peut être l'œuvre de Jacqueline, qui écrivait en vers comme en prose, avec un naturel qui n'était pas sans distinction et sans grâce; je dirai seulement que les sentiments qui s'y trouvent exprimés sont en opposition formelle avec la force de sa vocation religieuse et le caractère de son âme et de son esprit [1].

Si je voulais maintenant prendre tour à tour les divers personnages dont le faussaire a également emprunté les noms

1. La feuille sur laquelle est écrit ce prétendu cantique, a été visiblement arrachée d'un livre dont elle formait une des *gardes*; elle porte sur ses bords la couleur de la tranche du volume. L'encre est récente. — Un ami de Port-Royal me fait remarquer que les religieuses se servaient d'un très-bon papier et d'une encre excellente qu'elles composaient elles-mêmes.

Le faussaire prend son papier où il peut, et voilà pourquoi les documents fabriqués par lui n'ont habituellement pas plus de deux pages.

après celui de Pascal, il me serait facile de montrer que les écrits qui leur sont attribués, sauf les passages provenant du plagiat, sont l'œuvre sans talent d'une seule plume.

Cet intrépide et infatigable fabricateur, qui s'est livré à un travail considérable de lecture et de compilation pour acquérir un certain fonds de connaissances nécessaire à l'exploitation de son industrie, a succombé devant la tâche impossible de faire parler à chacun de ses personnages le langage qui lui appartient. Il n'a qu'une manière d'écrire, et il la prête tour à tour à Pascal, à Newton, à Montesquieu, à Louis XIV et à tous les autres; c'est toujours et partout le même défaut absolu d'originalité, la même banalité et les mêmes lieux communs. Enfin on rencontre dans ces documents des expressions et des formules dont la répétition, reparaissant invariablement, devient comme la marque et la signature du faussaire[1].

X

M. Chasles m'a reproché de n'avoir pas suffisamment tenu compte du nombre et de la diversité de ses documents, circonstances qui sont à ses yeux la plus grande preuve d'authenticité[2]. C'est que, je l'avoue, l'argument ne me paraît pas sérieux. Certes, si chacune de ces pièces offrait une physio-

1. En voici quelques-unes: « *Bon nombre* de notes, d'écrits, d'observations, etc. » — « *Je vous laisse y penser....* » — « *Je ne vous en dirai pas davantage pour aujourd'hui....* » — *Je ne veux rien vous dire de plus....* » — « *Je ne vous écris rien de plus.* » — « Traiter *sciemment*; approfondir *sciemment*, » etc., etc. Le lecteur curieux de se renseigner en détail, n'aura qu'à parcourir avec quelque attention les documents insérés dans les *Comptes rendus* de l'Académie des Sciences.

2. Séance du 9 septembre 1867.

nomie et un style différents, suivant qu'on l'attribue à tel ou tel écrivain, on pourrait, avec M. Chasles, se refuser à admettre « qu'un seul homme ait pu composer une si grande masse « d'écrits et de correspondance entre les hommes les plus « éminents. »

Mais l'étonnement cesse, et l'argument du savant géomètre perd toute sa valeur, dès que l'on reconnaît que le faussaire ne s'est nullement appliqué à faire parler à ces personnages la langue qui était la leur.

Ce qu'il importe dans une discussion comme celle que les communications de M. Chasles ont provoquée, ce n'est pas de compter les documents, c'est d'en vérifier l'authenticité. Le grand nombre, par lui-même, ne prouve rien; il devient plutôt suspect. Dans une des lettres que j'ai adressées à l'Académie, j'ai fait observer « que les écrits prétendus de Pascal une fois « reconnus apocryphes, tous les documents qui sont cités à « l'appui et qui s'y réfèrent devront, par cela même, être re- « gardés comme étant également faux [1]. »

M. Chasles a répondu à cette observation dans des termes qui la confirment au lieu de l'affaiblir, et en font encore mieux ressortir la portée.

« Il y a, a-t il dit, un tel accord, un tel enchaînement dans toutes les lettres que j'ai eu à citer, tantôt pour répondre directement à une objection, tantôt pour corroborer par une accumulation de preuves, un premier résultat, que je crois qu'au contraire, *une seule série de mes documents reconnue authentique, bien entendu, suffirait pour rendre indubitable chacune des deux propositions que j'ai annoncées*, savoir : 1° qu'il a existé des relations entre Pascal et Newton, et 2° que Pascal a découvert les lois de l'attraction, bases du système du monde [2]. »

Je cherche en vain parmi les documents de M. Chasles quelle

1. Lettre du 14 octobre 1867. — *Appendice*, n° VIII.
2. Séance du 16 décembre 1867. — *Comptes rendus*, page 1022.

est la série dont il aurait démontré l'authenticité. La seule, l'inexorable conclusion qui résulte, au contraire, de cette longue discussion, c'est que les pièces attribuées à Pascal, à Newton et à Galilée sont toutes de pure invention. Cette conséquence en entraîne une autre : c'est que tous les documents produits à l'appui de ceux-là, et dans lesquels il est fait une mention plus ou moins expresse des relations qui auraient existé entre ces trois personnages, sont également faux. M. Chasles, qui a annoncé à plusieurs reprises que sa collection était loin, hélas ! d'être épuisée, aura beau y prendre de nouveaux documents pour les présenter à l'Académie ou au public, il y perdra son temps et celui de ses auditeurs; car cette accumulation de témoignages, tous également entachés du même vice originel, ne fera que rendre plus manifestes les efforts tentés par le faussaire pour soutenir son crédit, au moins dans l'esprit de M. Chasles. Du reste, cet inventeur qui, sous l'inspiration d'une spéculation sordide, a produit tant de choses, peut être fier d'un succès dont l'éclat a, suivant toute apparence, dépassé de beaucoup son attente, et peut-être dérangé ses calculs. Sa prose est lue en pleine Académie, elle est imprimée tout au long dans les annales de l'illustre et indulgente compagnie; ses assertions, ses bévues, ses compilations scientifiques, morales ou littéraires, obtiennent en France et à l'étranger l'honneur d'une discussion, grâce à l'éminent géomètre dont le généreux patronage lui assure toutes sortes d'avantages, y compris celui de l'incognito.

Dans la séance du 14 octobre 1867, M. Chasles a essayé de donner enfin quelques explications sur l'origine des documents: il a prétendu qu'ils provenaient du cabinet de Desmaizeaux, et à l'appui de cette allégation il a invoqué diverses lettres empruntées comme toujours à sa collection même. Il n'y a donc pas à s'y arrêter : ce serait entrer avec M. Chasles dans le cercle vicieux où il se trouve enfermé. On ne saurait d'ailleurs mieux constater cette étrange situation dans laquelle il s'est placé qu'en citant ses propres paroles :

« Sir David, a-t-il dit en répondant à M. Brewster, parle de ma dextérité habituelle. Je ne sais ce qu'il veut dire par là. Je me suis borné à être toujours dans le vrai, à citer des faits : *ces faits sont les documents que je possède, et qu'il m'a suffi de produire au fur et à mesure que les objections et les attaques de mes adversaires obligeaient d'y recourir*[1]. »

La grande, l'irrémédiable infirmité de tous ses raisonnements, depuis le commencement de ce long débat, c'est, en effet, de s'appuyer constamment sur des documents empruntés à la même collection, entachés du même vice originel, également contestables. Il y a cependant dans les explications fournies par M. Chasles, une déclaration dont il importe de prendre acte ; la voici :

« Quant à l'origine immédiate de ces documents à mon égard, il me suffit de dire que la famille des plus honorables dans laquelle ils se trouvaient, a pensé qu'en raison de la nature de mes travaux, ces papiers pouvaient m'être agréables, et me les a fait proposer. »

Dieu me garde de vouloir accuser la famille dont parle ici M. Chasles; mais son honorabilité, si elle a pu concourir à surprendre la bonne foi de M. Chasles, ne saurait suffire à établir la véracité des documents dont il s'agit. Sans se livrer à aucun jugement téméraire, il est sans doute permis de dire que la bonne foi de cette famille a été d'abord surprise. Eh bien! en se plaçant dans cette hypothèse, la moins désobligeante de toutes, quel était le devoir impérieux que cette

1. Séance du 11 novembre 1867. — *Comptes rendus* de l'Académie des Sciences, page 774.

C'est ce que M. Chasles appelle ailleurs des *preuves directes*. — *Comptes rendus*, page 831.

famille des plus honorables avait à remplir vis-à-vis d'elle-même comme vis-à-vis de M. Chasles et du public, du moment que les documents sortis de ses archives soulevaient de toutes parts des réclamations? N'était-ce pas de revendiquer la responsabilité de ces documents, de déclarer nettement de qui elle les tenait, par suite de quelles circonstances ils étaient venus en sa possession? L'honorabilité et la loyauté n'ont pas besoin de se cacher dans l'ombre quand elles sont sûres d'elles-mêmes; elles doivent au contraire désirer la lumière et s'exposer au grand jour; personne ne comprendra que ceux qui ont été tout au moins les intermédiaires plus ou moins directs du faussaire avec M. Chasles gardent aujourd'hui le silence, le laissant aux prises avec une tâche impossible, au lieu d'unir leurs efforts aux siens pour démasquer la fraude et en obtenir satisfaction.

Telle est l'observation bien simple que je soumets en terminant aux réflexions de l'honorable M. Chasles, et il me semble impossible qu'il n'en soit pas frappé. Si loin qu'il se trouve engagé dans une voie si regrettable, il n'est jamais trop tard pour revenir sur ses pas et pour en sortir. Le monde savant, qui s'étonnerait et s'affligerait de l'y voir persévérer, le tient en trop grande estime pour ne pas être en droit d'espérer qu'éclairé par un examen plus calme et plus attentif, il reconnaîtra qu'il s'était trompé, et le proclamera hautement : il donnerait ainsi un noble exemple et acquerrait pour lui-même un grand honneur. Je le lui dis en toute sincérité, et cet appel que j'adresse à sa bonne foi surprise me semble le meilleur hommage que je puisse rendre au caractère et au mérite éminent du savant géomètre dont il m'est pénible de me trouver momentanément l'adversaire.

APPENDICE.

I

LETTRE DE M. FAUGÈRE A M. CHASLES.

27 juillet 1867.

Monsieur,

J'ai examiné de nouveau les documents que vous avez bien voulu me communiquer, et je demeure convaincu qu'ils ne sont pas écrits ni signés de la main de Pascal. Ma conviction est telle que je me croirais répréhensible si je la gardais pour moi seul. Je vais donc en écrire quelques mots à M. le Président de l'Académie.

Je me fais un devoir de vous instruire de ma démarche, bien que je sois sûr d'avance qu'elle aura votre assentiment, car vous n'avez d'autre mobile que l'intérêt de la science, inséparable de celui de la vérité.

Veuillez agréer, etc.

P. FAUGÈRE.

II

LETTRE DE M. CHASLES A M. FAUGÈRE.

Paris, 27 juillet 1867.

Monsieur,

Puisque votre conviction est formelle, je trouve tout naturel que vous la fassiez connaître à l'Académie; et moi-même, d'après l'avis que vous me faites l'honneur de me donner par votre lettre de ce jour, je regarderais comme un devoir d'en informer l'Académie dans la prochaine séance (lundi 29); car tout le monde sait, monsieur, de quel poids doivent être dans une pareille question votre compétence et votre dévouement à la science comme à la vérité, sa compagne inséparable. Mais je crois devoir aussi, monsieur, vous renouveler l'assurance que je n'ai aucun doute sur la parfaite authenticité des pièces insérées dans les *comptes rendus* des deux dernières séances de l'Académie (15 et 22 juillet), non plus que de celles que j'ai eu l'honneur de vous communiquer.

Veuillez agréer, etc.

CHASLES.

III

LETTRE DE M. FAUGÈRE A M. CHEVREUL,

PRÉSIDENT DE L'ACADÉMIE DES SCIENCES[1].

Paris, 27 juillet 1867.

Monsieur le Président,

Si vous voulez bien vous souvenir des travaux que j'ai consacrés à restituer les *Pensées de Pascal* et à mettre en lumière certains points de la biographie de ce grand homme, vous me pardonnerez, je l'espère, de venir vous soumettre quelques observations au sujet des communications que votre savant confrère, M. Chasles, a faites à l'Académie dans ses dernières séances.

Aussitôt que j'en ai eu connaissance, j'ai pensé à vérifier l'écriture des documents attribués à Pascal; j'ai fait part de mon désir à M. Chasles qui, avec une parfaite courtoisie, a bien voulu me permettre de les examiner à loisir. Il est résulté pour moi, et de ma première impression, et de l'examen attentif auquel je me suis livré, que la signature mise au bas de ces documents n'est pas celle de Pascal, et qu'ils sont d'une autre écriture que la sienne.

Ma conviction à cet égard est tellement complète, que je considère comme une véritable obligation d'en instruire l'Académie. Si elle jugeait convenable de nommer des Commissaires pour l'édifier sur ce point essentiel, je m'empresserais de mettre à leur disposition tous les éléments d'appréciation que je possède. Ils pourraient d'ailleurs consulter le manuscrit autographe de Pascal qui est conservé à la Bibliothèque impériale.

1. Lue à la séance du 2 juillet. — *Comptes-rendus*, p. 202.

Votre éminent confrère, M. Chasles, qui n'apporte dans cette question que le désir de rendre un nouveau service à la science, sera le premier, j'en suis assuré, à demander que cette vérification soit faite avec tout le soin qu'exige l'intérêt suprême de la vérité. La gloire de deux grands génies, j'allais dire de deux nations, y est également intéressée, puisqu'il s'agit de Pascal et de Newton.

Veuillez agréer, etc.

P. FAUGÈRE.

(Cette lettre est renvoyée à l'examen d'une Commission composée de MM. Chasles, Duhamel, Le Verrier, Faye, et à laquelle le bureau est prié de s'adjoindre.)

IV

M. CHEVREUL A M. FAUGÈRE.

Paris, 16 août 1867.

Monsieur et honorable ami,

Je suis chargé, comme président de l'Académie des sciences, de vous prier de vous réunir lundi prochain à la commission de l'Académie nommée pour examiner les lettres concernant Pascal, qui sont en la possession de M. Chasles. Je suis désireux de vous entretenir aujourd'hui de cette affaire. Pouvez-vous me recevoir de 1 à 2 heures, ou de 5 à 6 heures? Il y a séance de la Société d'agriculture, rue de Grenelle; loin de me déranger, je serai très-heureux de causer quelques moments avec vous. Je vous prierai de remettre votre réponse au porteur de ce billet.

Veuillez agréer, etc.

E. CHEVREUL.

V

M. CHEVREUL A M. FAUGÈRE.

Paris, 20 août 1867.

Mon cher monsieur Faugère,

Je suis chargé, par l'Académie des sciences, de vous prier de vouloir bien écrire les motifs que vous avez de ne pas admettre l'authenticité des lettres portant la signature de Pascal, que M. Chasles lui a présentées dans une de ses dernières séances. J'espère que vous voudrez bien m'adresser une lettre qui sera lue à l'Académie, puis imprimée dans le compte rendu. Il est dans l'intérêt de la vérité, comme de la dignité des lettres et des sciences, que l'Académie accueille les opinions concernant l'homme éminent que nous aimons et que nous admirons.

Veuillez agréer, etc.

E. CHEVREUL.

VI

A M. CHEVREUL, PRÉSIDENT DE L'ACADÉMIE DES SCIENCES[1].

Paris, 25 août 1867.

Monsieur le Président,

Vous voulez bien me prier, au nom de l'Académie des sciences, de lui faire connaître les motifs sur lesquels je me fonde pour ne pas admettre l'authenticité des documents qu'un illustre géomètre, votre confrère, présente comme émanés de Pascal et de ses sœurs.

Je ne saurais mieux répondre au désir de l'Académie qu'en résumant les observations que j'ai eu l'honneur de soumettre, le 19 de ce mois, à la commission qui avait d'abord été chargée d'examiner la question. A mon avis, il y a trois ordres de preuves à considérer :

I

Les documents dont il s'agit étant donnés comme des originaux autographes, et cette qualité supposée étant le principal, sinon le seul argument invoqué à l'appui de leur authenticité et de leur valeur, il me semble que la première chose à faire et la plus essentielle doit être une vérification d'écriture. A cet égard, j'ose croire que l'on peut s'en rapporter au témoignage de quelqu'un qui a eu pendant quinze mois chez lui le manuscrit des *Pensées* de Pascal et a passé la plus grande partie de ce temps à le déchiffrer et à l'étudier.

A défaut de ce manuscrit, que chacun d'ailleurs peut aller consulter à la Bibliothèque impériale, j'ai mis sous les yeux des membres de la com-

1. Cette lettre a été lue dans la séance du 26 août. — *Comptes rendus*, p. 340.

mission divers fragments, également authentiques, du grand écrivain et particulièrement une signature mise au bas d'une quittance passée devant notaires. Je regrette que, pressés par l'heure qui les appelait à la séance publique, ou ne se jugeant pas compétents pour une comparaison d'écritures, ils n'aient pu accorder au fait matériel qui leur était soumis toute l'attention qu'il comportait. Cependant la vérification est ici d'autant plus facile, même pour les yeux les moins exercés, que le fabricateur de ces documents ne s'est pas astreint, ainsi qu'il arrive ordinairement, à contrefaire ou à imiter l'écriture de Pascal. Agissant avec un sans-façon inouï, il s'est contenté de donner à son écriture un caractère plus ou moins ancien, et d'employer une orthographe à peu près conforme à celle du temps de Pascal. C'est ce qui explique comment il lui a été possible d'écrire un si grand nombre de lettres et de notes; ce n'était plus pour lui qu'une affaire d'imagination. Le faussaire a pris, comme de raison, du vieux papier, et c'était sans aucun doute pour lui la plus grande difficulté; mais, malgré toute son industrie, il n'est point parvenu à consommer entre une encre nécessairement nouvelle et un papier ancien cette combinaison que le temps seul peut produire: l'aspect de l'encre, tantôt fraîche encore [1], tantôt jaunie outre mesure par un procédé mal déguisé, suffirait pour montrer la fraude.

J'ajouterai, pour en finir sur ce premier ordre de preuves, qu'il suffit de rapprocher les lettres attribuées aux sœurs de Pascal de celles qui sont attribuées à Pascal lui-même, pour voir qu'elles sont toutes l'œuvre d'une seule et même main. Je m'abstiens par respect pour l'illustre et grave Compagnie à laquelle ces observations sont adressées, de relever une foule de détails minutieux, de petites supercheries qu'il serait facile de signaler et qui contribueraient à mettre en tout leur jour les preuves matérielles de la falsification.

Un pareil exposé ne serait d'ailleurs possible et utile que si chacun des membres de l'Académie pouvait avoir sous les yeux les pièces elles-mêmes. A ce propos, je renouvellerai ici le vœu, que j'ai exprimé dans la commission, que M. Chasles veuille bien joindre des *fac-simile* aux documents qu'il croira devoir publier.

1. Voici comment M. Chasles a répondu à cette observation: je veux bien croire que ce procédé qu'il emploie sans cesse est de sa part involontaire : il n'en est pas moins étrange et regrettable :

« M. Faugère parle de l'écriture *trop noire* sur des pièces, trop jaune sur d'autres par un procédé mal déguisé.... Mais ici, comme sur tous les autres points de la question, il se borne à de simples affirmations. *Il ignore que des encres de tous les siècles peuvent être aussi noires* qu'une encre fraîche, et il oublie qu'il en a trouvé de telle dans le manuscrit des *Pensées* qu'il dit avoir eu pendant quinze mois chez lui. » (Séance du 2 septembre 1867. — *Comptes-rendus*, page 378.)

II

Le second ordre de preuves se tire, suivant moi, des invraisemblances qui, au point de vue de la science, ressortent du fond même des documents présentés.

Ainsi que j'ai eu l'honneur de le dire au sein de la commission, c'est aux hommes éminents que l'Académie compte dans ses rangs, qu'il appartient de juger si, à un moment donné de l'histoire de la science et avec les ressources alors acquises, telle ou telle grande découverte pouvait être faite; ou si au contraire il y avait dans la succession et pour ainsi dire dans l'échelle des travaux antérieurs, des degrés qui manquaient, de telle sorte que cette découverte se trouvât alors inaccessible même pour un génie tel que celui de Pascal. Mais tout en reconnaissant mon incompétence à cet égard, je me suis permis de faire remarquer à la commission combien il serait étrange que Pascal eût découvert et affirmé la loi de la gravitation universelle, alors qu'il n'admettait même pas comme démontré le mouvement de la terre autour du soleil! Cette opinion de Pascal, que Condorcet et Voltaire lui ont injustement reprochée comme un effet de sa superstition ou de la crainte que lui aurait inspirée l'Inquisition, provenait uniquement d'une raison sévère qui ne se trouvait pas suffisamment éclairée pour se dire convaincue. Voici comment s'exprime Pascal dans sa 18e Provinciale, en s'adressant aux Jésuites :

« Ce fut en vain que vous obtîntes contre Galilée ce décret de Rome qui « condamnait son opinion touchant le mouvement de la terre. Ce ne sera « pas cela qui prouvera qu'elle demeure en repos; *et si l'on avoit des observations constantes qui prouvassent que c'est elle qui tourne*, tous les hommes « ensemble ne l'empêcheroient pas de tourner, et ne s'empêcheroient pas « de tourner avec elle. »

Si je ne puis aller plus loin dans le domaine de la science, qu'il me soit permis d'entrer un instant dans celui de l'histoire anecdotique, pour prendre en quelque sorte sur le fait le fécond et audacieux fabricateur qui a prétendu abriter ses falsifications sous le grand nom de Pascal. Il s'agit de l'une des notes que Pascal aurait envoyées à Boyle en 1652.

« On donne, est-il dit dans cette note, comme un effet de la vertu attrac- « tive la mousse qui flotte sur une tasse de café, et qui se porte avec une « précipitation très sensible vers les bords du vase. »

Une pareille observation suppose que l'usage du café était déjà répandu en France du temps de Pascal. Or, ce ne fut qu'en 1669, c'est-à-dire sept ans environ après sa mort, que Soliman-Aga, ambassadeur de Turquie auprès de Louis XIV, introduisit ou plutôt mit à la mode dans la société parisienne l'usage du café[1].

III

Le dernier ordre de preuves sur lequel il me reste à m'expliquer est tiré de l'examen du style. Ici toute l'industrie du faussaire a échoué : comment contrefaire, en effet, le style de Pascal, cette expression nette, substantielle, pure émanation de la pensée et du sentiment, empreinte d'une puissance, d'une originalité toujours vivante? J'abuserais de l'attention de l'Académie, en examinant une à une les Notes et surtout les Lettres attribuées à Pascal. Je dois me borner à signaler sa prétendue correspondance avec Newton, alors ignoré et confondu dans la foule des enfants de son âge.

A part même les invraisemblances qui se présentent de toutes parts pour mettre cette correspondance dans le domaine de la fiction et du roman, il suffirait du style pour prouver jusqu'à la dernière évidence que cette correspondance est l'œuvre d'un faussaire. Je laisse à nos voisins d'outre-Manche le soin de nous dire si Newton écrivait en français à un âge surtout où très-probablement il n'avait guère écrit dans sa propre langue. Je m'en tiens aux Lettres qui lui auraient été écrites par Pascal. Voici par exemple comment il s'exprime dans celle qu'il aurait adressée, le 20 mai 1654, à Newton qui n'avait qu'un peu plus de onze ans :

« Mon jeune amy,

« J'ai appris avec quel soin vous cherchiez à vous initier aux sciences « mathématique et géométrique, et que vous désiriez approfondir « *sciemment* les travaux de feu M. Descartes. Je vous envoye divers papiers « de luy qui m'ont esté remis par une personne qui fut un de ses bons « amis.

« Je vous envoye aussi divers problèmes.... *afin d'exercer votre génie. Je* « *vous prierai m'en dire votre sentiment.* Il ne faudroit pas cependant, *mon* « *jeune amy*, fatiguer trop *votre jeune imagination*. Travaillez, étudiez, mais

1. M. de Lyonne, ministre des affaires étrangères, fit servir le café ou, comme on disait alors le *caré*, à l'ambassadeur de Turquie, dans la première entrevue qu'ils eurent ensemble, à Suresne, le 19 novembre 1669. Voici ce qu'on lit dans une relation qui se trouve aux archives des affaires étrangères :

« Aprez que le sieur de Lionne eut faict son discours au ministre turc, voulant entrer en négociation avec luy, il fit retirer tout son monde, et le Turc ayant ordonné la même chose à ses gens, il ne resta dans le salon que les sieurs d'Arvieu et la Fontaine, drogman du ministre turc, pour servir d'interprète. Ils furent plus de deux heures en négociation : aprez laquelle le sieur de Lyonne fit aporter du *caré* et du sorbet qu'on luy présenta, et ensuite au ministre turc, lequel témoigna estre sorty fort contant de cette audiance. »

« que *cela se fasse avec modération*.... Je vous parle par expérience; car moi « aussi *dès ma jeunesse j'avois hâte d'apprendre*, et rien ne pouvoit arrêter « *ma jeune intelligence, si je puis parler ainsi*.... Je ne vous dis point cela, « mon jeune amy, pour vous détourner de vos études, mais pour vous en- « gager à étudier modérément. *Les connoissances insensiblement et avec le* « *temps. Ce sont les plus stables*[1].... »

Ainsi, d'une part, Pascal enverrait à un enfant des problèmes pour exercer *son génie* et lui imposerait la charge bien lourde, on en conviendra, de les examiner et de lui en dire son sentiment; et d'une autre part, il lui recommanderait d'étudier modérément. Comment reconnaître en tout cela la logique et le langage de l'auteur des *Provinciales?*

S'il est vrai que le style est l'homme, je croirais volontiers que celui qui a écrit ces lettres, loin d'être Pascal, ne serait pas même de nationalité française[2].

La lettre qui suit est encore plus étrangère, s'il est possible, au caractère intellectuel et moral de Pascal. Le 2 mai 1655, il aurait écrit à Newton :

« Ce que l'on m'a raconté de votre génie précoce m'a rappelé d'*heureux* « *souvenirs de mon enfance. Qu'il étoit beau cet âge*, où ayant entendu *faire* « *l'éloge* de quelques grands hommes, *j'aspirois à marcher sur leurs traces!* « Et maintenant je me dis : *heureux celui* dont l'imagination est vive, agis- « sante, et *qui a la noble ardeur de vouloir s'élever à la gloire! Ces violents* « *transports* qui nous portent à souhaiter de la réputation sont des *préjugés* « *avantageux* qui annoncent *qu'on le méritera un jour*. Mon jeune ami, *retenez* « *bien ce que je vais vous dire :* tout homme qui *n'aspire pas à se faire un nom* « *n'exécutera jamais rien de grand*[3], etc. »

Cette phraséologie de lieux communs ne fut jamais à l'usage de Pascal. Non-seulement le faussaire se trouve ici pris au piége de son propre style, mais il ignore que ce véhément amour de la gloire et de la réputation était absolument incompatible avec le détachement de toutes les choses du monde dont Pascal avait fait désormais la règle suprême de sa vie; il oublie que, le 23 novembre précédent, Pascal avait tracé la page célèbre qui fut trouvée dans la doublure de son habit après sa mort, et où on lit ces mots : « Oubli du monde et de tout, hormis Dieu! » A cette époque de sa vie, Pascal entrant de plus en plus et pour toujours dans l'étroit sentier de la religion austère, ne considérait plus les travaux mathématiques qu'avec une sorte de dédain, et il n'était guère d'humeur à vanter la gloire humaine ainsi

1. Séance du 29 juillet 1867. — *Comptes rendus*, p. 189.
2. M. Chasles, dans la séance du 16 décembre, a mentionné cette observation à sa façon, c'est-à-dire en l'altérant : « On se rappelle, a-t-il dit, que M. Faugère *a reconnu que l'écriture* était de nationalité étrangère. » (*Comptes rendus*, p. 1020).
3. *Idem.* — *Comptes-rendus*, p. 190.

que l'eût pu faire un professeur appelé à exciter l'émulation de ses élèves, un jour de distribution des prix!

Il me serait facile de m'étendre sur ces rapprochements, en faisant des citations non moins significatives. J'aurais beaucoup à dire encore pour compléter cet exposé, mais je craindrais d'abuser des moments que l'Académie veut bien m'accorder.

Un dernier mot cependant. Un de vos éminents confrères a été d'avis que la commission ne pouvait agir utilement du moment que M. Chasles ne croyait pas devoir lui faire connaître de qui il tenait les documents dont l'authenticité était mise en doute. Assurément il y aurait dans une pareille déclaration un élément précieux d'information. Mais que l'Académie, qui a adopté la manière de voir de M. Le Verrier, me permette de dire qu'à la fin comme au commencement de ce débat, il y a une opération toujours opportune, ou pour mieux dire indispensable : c'est la comparaison des écritures. Cet examen, qui pourrait être fait par les soins de la Bibliothèque impériale, ne réclamerait que quelques instants et serait décisif.

On se trouve ici en présence d'une falsification sans exemple par son audace et par son ampleur ; elle ressemble à un vaste complot, tant le faussaire a employé d'art et d'industrie à combiner toutes les parties de son œuvre coupable. Mais, malgré son habileté et son savoir, il n'aura réussi qu'à surprendre un moment la loyauté et la bonne foi.

La moralité publique encore plus que l'intérêt de la science exige que la lumière se fasse le plus tôt possible, de manière à frapper tous les yeux; je serais heureux si mes faibles efforts y avaient contribué, et je remercie l'Académie d'avoir bien voulu les encourager.

Veuillez agréer, etc.

P. FAUGÈRE.

VII

A M. CHEVREUL, PRÉSIDENT DE L'ACADÉMIE DES SCIENCES.

Paris, 6 septembre 1867.

Monsieur le Président.

Je crois remplir un devoir envers l'Académie et vis-à-vis de cette partie du public qui s'intéresse aux choses de la science et de l'esprit, en vous adressant les principales observations que m'a suggérées la réponse qui m'a été faite par l'honorable M. Chasles, dans votre dernière séance.

Après l'avoir écouté avec autant de déférence que d'attention, je reste plus que jamais convaincu qu'il n'est pas possible d'admettre dans l'héritage de notre grand Pascal les documents qui font l'objet du présent débat.

M. Chasles a dit, si je l'ai bien entendu, que je ne donnais pas de preuves positives de mes assertions. Qu'il me soit permis de rappeler encore une fois, que la première de toutes les preuves et la plus péremptoire consiste dans la comparaison des écritures. J'avais pensé, je l'avoue, que mon honorable contradicteur s'unirait à moi pour réclamer avec instance qu'il fût procédé à cette vérification. J'étais d'autant mieux fondé à l'espérer que, d'une part, il ne croit pas pouvoir dire de qui lui viennent les documents contestés; et que, de l'autre, il continue d'exprimer son entière confiance dans la véracité de ces mêmes documents.

Il y a à la Bibliothèque impériale, je ne me lasserai pas de le répéter, un manuscrit dont l'authenticité ne saurait être mise en doute par personne : c'est le registre dans lequel ont été recueillies, dans le pêle-mêle de leur premier jet, les *Pensées* de Pascal. Que l'on mette enfin en présence de ces reliques immortelles du génie, les pages fabriquées par une coupable industrie, et la question sera bientôt jugée. J'accepte d'avance le résultat de cette épreuve, et encore une fois je supplie M. Chasles de s'unir à moi pour la provoquer.

Votre honorable confrère a paru surpris de ce que je niais également l'authenticité des pièces qu'il présente comme émanées des sœurs de Pascal, puisque, a-t-il ajouté, leur écriture m'était inconnue. Je dois voir l'effet d'un oubli dans cette dernière assertion, car j'ai mis sous les yeux de la commission et de M. Chasles lui-même, un cahier tout entier de la main de Mme Perier, la sœur aînée de Pascal. Le manuscrit des *Pensées* contient d'ailleurs plusieurs fragments écrits par elle sous la dictée de son frère. La vérification est donc, là encore, des plus faciles. Pour ce qui concerne Jacqueline, la sœur puînée de Pascal, j'ai présenté à la commission un fac-simile publié par M. Cousin. Mais il suffit, ainsi que j'ai déjà eu l'honneur de le dire à l'Académie, de rapprocher l'une de l'autre les trois écritures prétendues de Pascal et de ses sœurs, pour reconnaître que c'est la même main qui les a tracées. Je ne puis, l'Académie le comprendra aisément, entrer ici dans des observations minutieuses, qui ne seraient à leur place que devant une commission spéciale ayant sous les yeux les pièces pour les comparer et les apprécier.

J'ai cité un passage de la 18e *Provinciale* pour montrer que Pascal, loin d'avoir été induit par ses travaux antérieurs à affirmer la loi de la gravitation universelle, n'admettait pas même comme certain le mouvement de la terre. Mon savant contradicteur a cherché à interpréter ce passage de façon à en affaiblir la portée. J'apporte donc une autre citation à l'appui de la première. Je l'emprunte à l'écrit de Pascal intitulé : *Réponse au P. Noël.*

« Comme une même cause peut produire plusieurs effets différents, un « même effet peut être produit par plusieurs causes différentes. C'est ainsi « que quand on discourt humainement du mouvement ou de la stabilité « de la terre, tous les phénomènes du mouvement et des rétrogradations « des planètes s'ensuivent parfaitement des hypothèses de Ptolémée, de « Tycho, de Copernic et de beaucoup d'autres qu'on peut faire, de toutes « lesquelles une seule peut être véritable; *mais qui osera faire un si grand « discernement, et qui pourra, sans danger d'erreur, soutenir l'une au préjudice « des autres* [1] ? »

N'est-il pas évident, d'après ce passage, que Pascal n'admettait pas comme démontré le mouvement de la terre? Il y a plus : on trouve dans les *Pensées* un passage où il semble se prononcer expressément pour le système contraire.

« Que l'homme, dit Pascal, contemple la nature entière dans sa haute et « pleine majesté!... Qu'il regarde cette éclatante lumière mise comme une « lampe éternelle pour éclairer l'univers; *que la terre lui paraisse comme un « point, au prix du vaste tour que cet astre décrit* [2]. »

Ces nouvelles citations répondent suffisamment aux observations de M. Chasles.

Parlant de la prétendue correspondance de Pascal avec un enfant alors complétement ignoré, et dans lequel personne, excepté un faussaire parlant après coup, ne pouvait pressentir le génie du grand Newton, j'ai fait remarquer, entre autres invraisemblances, combien il était inadmissible que Pascal, détaché comme il l'était alors de toute gloire humaine, eût prêché à cet enfant le culte d'une célébrité qu'il dédaignait, et l'amour d'une science qu'il ne considérait plus comme digne d'occuper son propre esprit.

L'honorable M. Chasles me répond que Pascal après avoir écrit en 1654 la page mystique qui marque comme le point de départ de sa vie nouvelle, avait résolu pourtant le problème de la *Roulette* ou *Cycloïde*, et avait même annoncé sa découverte au monde savant en 1658. Le fait est exact, mais il n'est pas exactement présenté. Loin d'affaiblir mon objection il la confirme et en accroît la valeur. Je puis à cet égard opposer à M. Chasles un témoignage qui ne lui sera pas sans doute suspect, car c'est celui d'un écrivain

1. *Œuvres de B. Pascal*, édition de 1779, tome V, page 85.
2. Tome II des *Pensées*, page 63.

qui fut aussi un savant géomètre. Voici ce que dit l'abbé Bossut dans son Discours sur la vie et les écrits de Pascal[1] :

« L'accroissement de ses maux commença par un horrible mal de dents, qui lui ôtait presqu'entièrement le sommeil. Durant l'une de ses longues veilles, le souvenir de quelques problèmes touchant la *Roulette* vint travailler son génie mathématique. *Il avait renoncé depuis longtemps aux sciences purement humaines;* mais la beauté de ces problèmes et la nécessité de faire quelque diversion à ses douleurs, par une forte application, le plongèrent insensiblement dans une recherche qu'il poussa si loin qu'aujourd'hui même les découvertes qu'il y fit sont comptées parmi les plus grands efforts de l'esprit humain.

« Ayant parlé de sa méditation géométrique à quelques amis et en particulier au duc de Roannez, celui-ci conçut le projet de la faire servir au triomphe de la Religion. L'exemple de Pascal était une preuve incontestable qu'on pouvait être un géomètre du premier ordre et un chrétien soumis. *Mais, pour donner à cette preuve tout son éclat, les amis de Pascal arrêtèrent qu'on proposerait publiquement les mêmes questions en y attachant des prix;* car, disaient-ils, si d'autres géomètres résolvent ces problèmes, ils en sentiront au moins la difficulté; la science y gagnera et le mérite d'en avoir accéléré le progrès, appartiendra toujours au premier inventeur; si, au contraire, ils ne peuvent y atteindre, les incrédules n'auront plus aucun prétexte d'être plus difficiles, par rapport aux preuves de la religion, que l'homme le plus profond dans une science toute fondée en démonstrations[2]. »

Cette relation de l'abbé Bossut n'a pas besoin de commentaire : et je me hâte d'aborder l'argument que mon honorable contradicteur tire du nombre considérable des documents qu'il produit.

La quantité ne saurait ici suppléer à la qualité. Du moment, en effet, que toutes les pièces attribuées à Pascal sont, ainsi que l'a déclaré lui-même M. Chasles, d'une même écriture, il suffit qu'une seule soit reconnue fausse pour que toutes le soient. Et puis, ce nombre prodigieux de documents apparaissant tout d'un coup n'est-il pas fait plutôt pour exciter la méfiance? N'est il pas vraiment extraordinaire que ces documents adres-

1. *Œuvres de B. Pascal*, tome I, p. 71 et 73.

2. Au témoignage de Bossut, j'ajouterai surabondamment celui de Pascal lui-même; il écrivait à Fermat le 10 août 1660 : « .... Pour vous parler franchement de la géométrie. .... je l'appelle le plus beau métier du monde; mais enfin ce n'est qu'un métier, et j'ay dit souvent qu'elle est bonne pour faire l'essay, mais non pas l'employ de nôtre force : de sorte que je ne ferois pas deux pas pour la géométrie.... ....Mais il y a maintenant cecy de plus en moy que je suis dans des études si éloignées de cet esprit-là, qu'à peine je me souviens qu'il y en ayt. *Je m'y étois remis, il y a un an ou deux par une raison tout-à-fait singulière, à laquelle ayant satisfait je suis en hazard de n'y plus penser jamais...* » (Varia Opera Petri de Fermat, etc. — P. 200.)

sés à tant de personnages divers soient venus des points les plus opposés se réunir dans un seul et même dépôt? Par quelle bonne fortune, par exemple, les lettres que Pascal aurait adressées à la reine Christine de Suède se rencontrent-elles là avec tant d'autres?

Mais comment supposer, ajoute mon éminent contradicteur, qu'un seul homme ait pu fabriquer une si grande masse de documents? Quelle fécondité d'imagination, quelle habileté une œuvre pareille ne supposerait-elle pas! Le faussaire a fait preuve, en effet, d'une extrême habileté, car au lieu de débiter en détail à diverses personnes les produits de sa vaste fabrication, ce qui aurait fait découvrir la fraude presque aussitôt, il a eu l'art de tout vendre à la fois à un unique acquéreur.

Il ne serait pas impossible, au surplus, que ces documents écrits de la même main, eussent été composés par plusieurs personnes. Mais ce qui me paraît manifeste, c'est qu'un même esprit a présidé à leur composition : ils se répondent et s'accordent ensemble, pour ainsi dire, comme des faux témoins qui se sont concertés pour étouffer la vérité et accréditer le mensonge.

Je ne reviendrai pas sur ce que j'ai dit du style des lettres attribuées à Pascal; ce sujet m'entraînerait trop loin. M. Chasles a exprimé l'avis que bien des littérateurs ne s'associeraient point à mon jugement et que même ils tiendraient à honneur d'avoir écrit de semblables pages; à l'appui de cette manière de voir il a donné lecture de prétendues lettres de Pascal; je m'en remets sur ce point à l'appréciation de l'Académie et à celle du public.

Veuillez agréer, etc.

P. Faugère.

VIII

EXTRAIT DU JOURNAL *LA FRANCE*, N° DU 18 OCTOBRE 1867.

Le débat relatif aux documents apocryphes communiqués par M. Chasles, s'est continué à l'Académie des sciences, dans la séance du 14 octobre, qui a été des plus orageuses. Le secrétaire perpétuel a donné lecture d'une nouvelle lettre de M. Faugère, demandant pour la troisième fois qu'il fût procédé à une vérification régulière d'écritures, à la Bibliothèque impériale. M. Chasles, qui aurait dû acquiescer avec empressement à cette proposition, s'il est réellement convaincu de l'authenticité de ses autographes, l'a repoussée et dans des termes dont la vivacité a parfois étonné l'auditoire.

M. Le Verrier, qui, dans l'avant-dernière séance, s'était prononcé pour l'expertise régulière réclamée par M. Faugère, a déclaré formellement que tous les écrits attribués à Pascal, en ce qui touche les questions astronomiques, ne pouvaient être que l'œuvre d'un faussaire. Il a commencé à développer les motifs de sa conviction à cet égard; mais il a dû y renoncer par suite d'interruptions réitérées qui tendaient à entraîner le débat sur le terrain des personnalités, et devant lesquelles le bureau de l'Académie n'a pas jugé lui-même devoir user de l'autorité qui lui appartient. — Voici la lettre de M. Faugère, dont la lecture a précédé les incidents qui ont si fort agité l'Académie :

A MONSIEUR CHEVREUL, PRÉSIDENT DE L'ACADÉMIE DES SCIENCES[1].

Paris, 14 octobre 1867.

« Monsieur le président,

« De retour à Paris après quelques semaines d'absence, j'ai pris connaissance des derniers comptes rendus de l'Académie, et je suis heureux de voir que M. Le Verrier a reproduit, dans la séance du 30 septembre, avec l'autorité qui lui appartient, la proposition que je n'ai cessé de faire dès le commencement de ce long débat.

« Ce n'est, en effet, que par l'examen comparé des écritures, et comme l'a dit votre éminent confrère, qu'au moyen d'une expertise régulière des documents contestés, qu'il est permis d'arriver à la constatation irrécusable de la vérité. C'est d'abord au moyen de cette comparaison, en ce qui concerne les pièces attribuées à Pascal, que j'ai moi-même arrêté ma conviction; mais quoique je sois absolument désintéressé dans une question où je n'ai d'autre mobile que le respect de la gloire de Pascal et celui de la vérité, qui n'est ni française ni anglaise et appartient au monde entier, je comprends que M. Chasles ne s'en rapporte pas à mon appréciation.

« J'ai donc l'honneur de demander à l'Académie de vouloir bien autoriser son président à écrire officiellement à M. le directeur de la bibliothèque impériale pour l'inviter à soumettre à l'examen des membres les plus compétents de son administration, les documents insérés par l'honorable M. Chasles dans les comptes rendus des séances de l'Académie, et avant tout les écrits attribués à Pascal.

« Dans les communications que j'ai eu l'honneur de soumettre à l'Aca-

1. Séance du 14 octobre 1867. — *Comptes rendus*, p. 643.

démie, je n'ai parlé que de ces derniers écrits, voulant me renfermer dans les limites de ma certitude personnelle. Il est évident, d'ailleurs, que les écrits prétendus de Pascal une fois reconnus apocryphes, tous les documents qui sont cités à l'appui et qui s'y réfèrent devront par cela même être regardés comme étant également faux. Je me permets d'autant mieux d'insister sur cette circonstance que l'Académie n'aura pas manqué de remarquer que l'honorable M. Chasles, depuis le commencement de ce débat, cite constamment à l'appui de documents contestés d'autres documents provenant de la même origine, et dont l'authenticité devrait être au préalable également établie.

« Votre honorable confrère a produit par exemple, dans une des dernières séances, des lettres de Jacques II à Newton. Grâce à son obligeance, j'ai pu comparer une de ces pièces avec une lettre autographe de Jacques II, parfaitement authentique, puisqu'elle fait partie du dépôt des affaires étrangères, et cette comparaison m'a démontré que les lettres insérées au Compte rendu sous le nom de Jacques II n'ont pas été écrites par ce prince.

« L'Académie, s'il en était besoin, verrait sans doute dans cette assertion, que chacun de ses membres peut venir vérifier par lui-même, un nouveau motif d'aviser à une vérification qui devient de plus en plus nécessaire.

« Veuillez agréer, etc.

« P. FAUGÈRE. »

IX

A M. CHEVREUL, PRÉSIDENT DE L'ACADÉMIE DES SCIENCES[1].

Paris, 28 octobre 1867.

Monsieur le Président,

J'apprends, en lisant le compte rendu de votre dernière séance, que l'honorable M. Chasles m'a invité, en des termes fort pressants, à faire connaître à l'Académie si la lettre de Jacques II, dont j'ai parlé dans ma communication du 18 de ce mois, était vraiment autographe, quelle en était la date, dans quelle langue et à qui elle était écrite.

Cette lettre, ainsi que je l'ai dit, est *parfaitement authentique et autographe*. Elle ne pourrait même être de la main d'un secrétaire, puisqu'elle est datée

1. Séance du 28 octobre 1867. — *Compte rendu*, p. 704.

du 15 décembre 1777, c'est-à-dire à une époque où Jacques était encore duc d'Yorck, qu'elle est adressée à Louis XIV, et qu'elle a pour objet d'annoncer au grand roi la mort d'un enfant. L'adresse, le cachet et le lacs de soie sont encore intacts sur le verso du second feuillet. Elle est écrite en français. — J'ajoute que l'écriture de Jacques II ne s'était pas modifiée d'une manière sensible, comme j'ai pu m'en assurer en comparant la lettre dont je viens de parler à quatre autres pareillement écrites en français par le roi Jacques, la première de Dublin, en 1689, les trois autres de Saint-Germain, en 1690 et 1692.

Or, il suffit de rapprocher de ces divers autographes la lettre que l'honorable M. Chasles présente comme ayant été adressée à Newton par Jacques II, le 12 janvier 1689, pour faire ressortir la fausseté évidente et matérielle de ce dernier document.

Me proposant de publier une note avec pièces à l'appui, au sujet des documents dont je nie l'authenticité, je m'abstiens d'entrer ici plus avant dans une discussion qui me paraît sans issue pratique au sein de l'Académie....

Veuillez agréer, etc.

P. Faugère.

X

LETTRE AU DIRECTEUR DU *CORRESPONDANT*[1].

22 décembre 1867.

Monsieur le Directeur,

L'intérêt avec lequel j'ai lu, dans *le Correspondant* du 25 octobre dernier, la revue scientifique de M. Arthur Mangin, m'a fait d'autant plus regretter quelques-unes des appréciations que j'y ai rencontrées.

M. Mangin paraît avoir oublié que les objections de divers ordres qui ont été successivement présentées contre les documents attribués par M. Chasles à Pascal et à Newton, ont été, dès le commencement du débat, articulées ou du moins indiquées par moi. Si l'on en jugeait d'après son exposé, mon intervention dans cette longue discussion se serait bornée à faire ressortir le pitoyable style d'une des lettres attribuées à Pascal, et à rappeler que le café, mentionné dans une prétendue note du grand écrivain, n'était pas encore en usage à cette date.

1. Insérée dans le *Correspondant*, n° du 25 décembre 1867.

Mais voici un passage qui me touche davantage, et auquel je vous demande la permission de répondre dans l'intérêt général de la vérité. M. Mangin, parlant de la comparaison des écritures qui a eu lieu en France et en Angleterre, dit que si cet examen peut être concluant en ce qui concerne Newton, il ne l'est pas en ce qui regarde Pascal; car, ajoute-t-il, « il « *paraît établi*, que Pascal avait une écriture très-irrégulière, très-capri- « cieuse, et l'on sait que le manuscrit des *Pensées* se compose de morceaux « de papier informes, couverts d'un griffonnage presque illisible, qui ne « trahit que trop les cruelles souffrances auxquelles l'écrivain était en « proie. »

Je suis persuadé que si M. Mangin avait pris la peine d'aller voir le manuscrit des *Pensées* qui est conservé à la Bibliothèque impériale, il aurait modifié son appréciation. L'écriture de Pascal est loin d'être *très-irrégulière* et *très-capricieuse*, et elle ne trahit nullement les *cruelles souffrances* de l'auteur. La santé de Pascal était depuis longtemps altérée; mais son intelligence et sa plume restèrent fermes jusqu'à la fin. On a la signature de son testament, apposée quelques jours seulement avant sa mort; elle est à peine altérée par l'extrême faiblesse où l'avait réduit la maladie. L'écriture du ms. des *Pensées*, où se trouvent d'ailleurs des pages de diverses époques de la vie de Pascal, — de 1654, par exemple, à 1662, année de sa mort, — indique la vivacité et l'ardeur de l'esprit, et non la souffrance; le trait en est extrêmement rapide, il est impétueux, et si elle est souvent, en effet, presque illisible, c'est que Pascal ne traçait d'abord ses pensées que pour lui-même. Quelles que soient, d'ailleurs, la rapidité et les abréviations de cette écriture, elle offre toujours des traits essentiels et caractéristiques qui peuvent servir à la faire reconnaître de la façon la plus certaine; elle n'est pas uniforme, sans doute, mais elle est toujours *identique*. J'ajoute que la comparaison était ici d'autant plus facile, que le faussaire, ainsi que je l'ai fait remarquer, n'a pas même cherché à contrefaire l'écriture de Pascal. L'épreuve graphique est donc ici absolument concluante, et si l'Académie, comme je n'ai cessé de le demander, y avait fait procéder d'une façon régulière, la question serait depuis longtemps résolue. Il n'eût pas été nécessaire d'avoir comme moi employé plus d'une année à déchiffrer le manuscrit des *Pensées*; il eût suffi d'un examen de quelques heures, fait par des hommes experts et impartiaux.

Je vous serais très-obligé, monsieur le Directeur, si vous vouliez bien donner place à cette lettre dans votre prochain numéro.

Agréez, etc.

P. FAUGÈRE.

XI

LETTRE DE FONTENELLE A SIR ISAAC NEWTON[1].

Monsieur,

Je suis chargé par l'Académie royale des sciences d'avoir l'honneur de vous remercier de la nouvelle édition que vous lui avez envoyée de vos « Principes mathématiques de la philosophie naturelle. » Il y a déjà plusieurs années que cet excellent ouvrage est admiré dans toute l'Europe, et principalement en France où l'on sait bien reconnaître le mérite étranger. Mais, présentement, monsieur, que vous avez une place dans notre académie, nous prétendons en quelque façon que vous n'êtes plus étranger pour nous; et nos savants qui ont quelque droit de vous appeler leur confrère prennent une part plus particulière à votre gloire. On peut sans témérité vous prédire qu'elle sera immortelle par les deux livres que vous avez publiés, où il brille de toutes parts un si heureux génie de découvertes, et où ceux mêmes qui savent le plus trouvent tant à apprendre.

L'Académie vous prie, monsieur, de lui faire quelquefois part de vos nouvelles productions, ainsi que font MM. Leibnitz, Bernouilli, et les autres savants étrangers qu'elle a adoptés. Il n'est pas surprenant qu'elle cherche à se faire honneur de ce qu'elle vous possède.

Je suis, monsieur, votre très-humble et très-obéissant serviteur.

Signé : FONTENELLE.

Sec. perp. de l'Académie royale des sciences.

A Paris, ce 4 février 1714.

1. *Memoirs of the life, Writings, and discoveries of sir Isaac Newton*, by sir David Brewster, vol. II, p. 518.

XII

EXTRAIT DE LA CORRESPONDANCE DE M. BARILLON

AMBASSADEUR DE LOUIS XIV EN ANGLETERRE.

Londres, 8 may 1687.

L'Université de Cambridge est poursuivie par devant les commissaires ecclésiastiques[1] pour avoir refusé d'admettre un catholique; l'affaire n'est pas encore jugée; le Vice-chancelier et quelques autres pourront bien estre interdits.

Londres, 19 may 1687.

Il se passa avant-hier une chose importante et qui fait beaucoup de bruit icy. Les commissaires pour les affaires ecclésiastiques ont décidé l'affaire de l'Université de Cambridge. Ils ont privé le Vice-chancelier de cette université de sa charge pour le refus par luy fait d'admettre un catholique. Il fut, outre cela, suspendu de sa charge de principal du collége de la Magdelaine à Cambridge, tant qu'il plaira au Roy, et cependant les revenus de cette charge seront appliqués au profit du collége. Ce jugement est de grand éclat et établit la prérogative royale pour mettre dans toutes les places ecclésiastiques des personnes catholiques.

La punition du Vice-chancelier servira d'exemple et pourra retenir ceux qui voudroient s'opposer à de pareilles choses.

Il est question d'admettre un catholique à estre maistre ès arts. Il sera receu incessamment. Ce qui vient d'estre fait en cela paroist de plus grande conséquence que l'affaire de l'évesque de Londres, parce que les Universités d'Oxford et de Cambridge sont regardées comme le plus solide soutien de la religion anglicane, et rien ne seroit tant avantageux pour la religion catholique que de voir les colléges et communautés ecclésiastiques se rem-

1. En juillet 1686, Jacques II avait institué une Commission qui devait connaître souverainement de toutes les affaires ecclésiastiques. Cette Commission, à qui le souverain déléguait les pouvoirs qui, depuis Henri VIII, appartenaient aux rois d'Angleterre, étendait sa juridiction sur les universités et les colléges, en même temps que sur le clergé. Un des premiers actes des commissaires fut de suspendre de ses fonctions l'archevêque de Londres.

plir insensiblement de gens qui font profession de la véritable et ancienne doctrine. S. M. britannique m'a dit qu'il y a beaucoup de gens dans ces deux universités qui, dans le cœur, sont catholiques, et qui se déclareront quand ils le pourront faire sans crainte.

FIN DE L'APPENDICE.

FAC-SIMILE

TABLE DES FAC-SIMILE[1].

1. Ces *fac-simile* sont l'œuvre de M. Th. Delarue, expert juré près la Cour Impériale de Paris; je ne pouvais confier ce travail à personne d'une expérience et d'une habileté plus consommées et dont le nom offrît plus de garanties sous tous les rapports.

2. J'aurais désiré donner en *fac-simile* une des lettres de Jacques II, que j'ai mentionnées dans ce Mémoire comme appartenant aux Affaires étrangères; mais un obstacle matériel résultant de la reliure des volumes qui les renferment, m'en a empêché. J'ai donc eu recours à l'obligeance de M. Feuillet de Conches qui a bien voulu mettre une des lettres qu'il possède à ma disposition.

P. F.

A.

ECRITURE DE PASCAL

De Rouen ce samedi
dernier janvier 1643

Ma Chère Sœur

Je ne doute pas que vous n'ayez esté bien en peine
du long temps qu'il y a que vous n'avez receu
de nouvelles de ce quartier. Mais je
croy que vous vous serez bien doutée que le
voyage des Esleus en est la cause comme
il est en effect sans cela je n'aurois pas manqué
de vous escrire plus souvent. J'ay à te dire que
Mrs les Commissaires estans à Gizors mon Père
me fit aller faire un tour à Paris où je trouvay
une lettre que tu m'escripvois où tu me mandes que
tu t'estonnes de ce que je te reproche que tu n'escripvois
pas assez souvent et où tu me dis que tu escris à
Rouen toutes les semaines une fois. Il est bien

. . . .

Ma Chère Sœur

Vostre très humble et très affectionné
serviteur et frère

Pascal

Cabinet de M. Feuillet de Conches.

A (1647)

Pascal

B [illegible]

Pascal

C (1652)

Pascal

A. Bibliothèque Impériale. B. Testament, Étude de Mᵉ H Yver à Paris. C. Quittance notariée

M. S. [illegible] p. 505.

Seconde partie

Que l'homme sans la foy ne peut connoistre
le vray bien ny la justice.

Tous les hommes recherchent d'estre heureux. Cela est sans
exception quelques differents moyens qu'ils y employent.
Ils tendent tous a ce but. Ce qui fait que les uns vont
a la guerre et que les autres n'y vont pas est ce mesme desir
qui est dans tous les deux accompagné de differentes veues.
La volonté
ne fait jamais la moindre demarche que vers cet objet. C'est le
motif de toutes les actions de tous les hommes jusqu'a ceux qui vont se
pendre.

Bibl. Imple Manuscrit des Pensées p. 377.

F.

ECRITURE DE PASCAL.

Commencement

Bibl. Imple Manuscrit des Pensées, p. 317.

ECRITURE DE PASCAL

[Ecrit trouvé dans son vêtement]

+

L'an de grace 1654

lundy 23 novembre jour de St Clement pape et martyr et autres au martyrologe

veille de St Chrysogone martyr et autres.

Depuis environ dix heures et demi du soir jusques environ minuit et demi

Feu

Dieu d'Abraham, Dieu d'Isaac, Dieu de Jacob.

non des philosophes et des sçavans.

Certitude, certitude, sentiment, joye, paix.

Dieu de Jesus Christ.

Deum meum et Deum vestrum.

Ton Dieu sera mon Dieu.

Oubly du monde et de tout hormis Dieu.

Il ne se trouve que par les voyes enseignées dans l'Evangile.

Grandeur de l'ame humaine.

. . . .

III.

FAUX AUTOGRAPHE.

Cecy est a garder precieusement comme souvenir. c'est un des escrits trouvé après la mort de Mr. Pascal dans un de ses habits. il m'a esté envoyé par madame Perier sa soeur. R.

+

L'an de grace 1654

Lundy 23 novembre jour de St Clement pape et martyr

et autres au martyrologe

Veille de Saint Chrysogone martyr et autres

depuis environ dix heures et demie du soir jusques environ

minuit et demi

feu

Dieu d'abraham dieu d'Isaac dieu de jacob

non des Philosophes et des scavants

Certitude Certitude. joie. sentiment veue joye

paix.

Dieu de Jesus christ

deum meum et deum vestrum

ton dieu sera mon dieu

oubly du monde et de tout hormis dieu

Il ne se trouve que par les voies enseignées dans

l'evangile

grandeur de l'ame humaine

. . . .

. . . .

amen

tousjours vostre en dieu

Pascal

[illegible]

Collection de M. Chasles

II.

1. ECRITURE DE Mme PERIER (sœur de Pascal)
2. ECRITURE DE PASCAL

Lorsqu'on ne sçait pas la verité d'une chose
il est bon qu'il y ait une erreur commune qui
fixe l'esprit des hommes comme par exemple
la lune a qui on attribue le changement des
saisons le progrés des maladies &c. car la
maladie principale de l'homme est la
curiosité inquiete des choses qu'il ne peut
sçavoir et il ne luy est pas si mauvais
d'estre dans l'erreur ~~que~~ que dans cette
curiosité inutile.

Il n'y a rien sur la terre qui ne monstre
ou la misere de l'homme ou la misericorde de Dieu
ou l'impuissance de l'homme sans Dieu ou la puissance de
l'homme avec Dieu.

2 Dieu a fait ~~servir~~ ~~l'aveuglement~~
servir l'aveuglement de ce peuple
au bien des Eleus

Titre
D'où vient qu'on croit
tant de menteurs qui
disent qu'ils ont veu des
miracles et qu'on ne croit
aucun de ceux qui disent
qu'ils ont des secrets
pour rendre l'homme
immortel ou pour
rajeunir

Bibl. Imp.le Manuscrit des Pensées p. 443.

JJ.

FAUX AUTOGRAPHE
(Mme Perier, sœur aînée de Pascal).

Le 20 may 1663

Je vous ay entretenu monsieur de la maniere dont mon frere aprit les mathematiques mais nostre père l'ayant veu extraordinairement enclin aux choses de raisonnement et craignant que la connoissance des mathematiques ne l'empeschast d'aprendre les langues, il resolut de luy oster autant qu'il pourroit toute idée de geometrie, il serra tous les livres qui en traictoient et il s'abstenoit mesme d'en parler en sa presence avec ses amis. Mais mon frere quoy que jeune avoit saisi une pensée qui est celle cy: « la geometrie est une science qui enseigne le moyen de faire des figures justes et de trouver les proportions qu'elles ont entre elles. » ....

....

Pascal Perier

A Monsr Newton

Collection de M. Chasles.

Je nignore pas monsieur les relations que vous aviez avec feu mon frere et lattachement quil avoit pour vous chaque fois quil me parloit de vous cestoit toujours avec beaucoup de respect et de bienseance.

Jay formé le projet monsieur de reunir toutes les pensées de mon frere tant celles quisont [illegible] dans les lettres que celles detachees par luy et dans former un assemblage. Je sçay quil vous a escrit beaucoup de lettres et dans ces lettres se trouvent sans doute des pensées que je ne puis esperer de retrouver nulle part. Sil vous estoit agreable monsieur de me communiquer toutes les lettres quil vous a

. . . .

Pascal.

a monsieur Nicole.

10

ÉCRITURE DE JACQUELINE.
(sœur puînée de Pascal.)

a P. R. des Ch. ce 10 Jbre 1660.

Mes Tres Cheres Niaces.

Vous avez tant de sujet de vous plaindre de moy que je nen ay point du tout de mexcuser, cest pourquoy je crois que cest plustost fait de vous en demander pardon puisque je ne doutte point du tout que vous ne me laccordiez au lieu que si je vous apotois quelques excuses qui ne fut pas veritable je me ferois tort a moy mesme, & je vous donnerois bien mauvais exemple, Jespere que mon retardement a vous escrire ne vous aura pas fait oublier neantmoins la promesse que vous mavez faitte de bien prier Dieu pour moy.......

....

bon jour mes Cheres sœurs je suis tout a vous en Celuy qui est nostre Tout & en la presence duquel nous ne sommes rien priez le pour moy afin que je sois digne de le prier pour vous

Sr J. de Ste Euphemie Rse Re

Extrait du Cabinet de Mr Cousin

+ ce 20 mars 1660

Mon bien aimé frere.

puisque mon traité de l'obeissance vous a esté agreable m'oseriez vous aujourdhuy je vous envoye quelques cantiques spirituels au nombre de dix que j'ay composé depuis quelques tems. veuillez les avoir aussy pour agreables. je vous remercie de mon costé du recueil de bonnes pensées qu'il vous a plu m'envoyer. je les lis et relis sans cesse. adieu mon cher et bien aimé frere que dieu vous donne bonne santé vostre soeur

F. Pascal.

dite Soeur Ste Euphemie.

+

Mon cher frere

Que j'estois heureuse autrefois
Lors que jouaiz en ta presence
Je n'avois point ce rude poids
Ni cette affreuse dependance
Qui me fait passer pour autrui
Ce qui ne passe pas pour luy.

Helas! mon dieu que t'ai-je fait?
Je souffre un tres rude martyre;
Je ne connois point mon forfait
et je ne scaurois plus que dire.
dois-je donc souffrir pour tous ceux
Qui ne plaisent pas a tes yeux
Je suis a toy Seul espoux
Et je respecte ta justice

Jacqueline Pascal
En religion soeur Ste Euphemie

Collection de M. Chasles.

ce 2 octobre 1650

Madame la modestie de monsieur
Descartes estoit encore plus grande que ses
connoissances ; cette moderation fut son
egide ; il recommanda souvent cette vertu
a ses disciples. Monsieur Descartes auroit
volontiers consenti a estre ignoré pour estre
utile. Lindependance estoit le premier
moyen de lestre. Elle fut aussi son premier
besoin. Lindependance dont nous parlons
est ce sentiment honneste et vertueux qui
ne connoist d'autre assujetissement que
celuy des loix, qui pratique tous les devoirs
de citoyens et de sujets mais qui refuse
de souffrir d'autres chaines ; ....

.... Je suis

Madame de vostre majesté
le tres humble et tres devoué serviteur
Pascal

a sa majesté la Reyne Christine

Collection de M. Chasles

P.

FAUX AUTOGRAPHE

Pour mouvoir un corps il faut luy appliquer
une force qui le pousse ou le tire; l'effort
que cette force fait sur le corps est ce que l'on
appelle sa quantité de mouvement, et elle
resulte du produit de la masse et de la
vitesse ou plus tost elle est proportionnée
a ce produit. Pascal

Collection de M. Chasles.

FAUX AUTOGRAPHE

le 2 mai 1649

Monsieur et cher Boyle.

Je n'ay pas le temps aujourd'huy de repondre a vostre aimable lettre par vostre messager ainsi que vous me le demandez mais je me propose de faire cette reponse tres prochainement et en l'attendant je vous envoye un certain nombre de notes qui sont le resultat de mes observations et de mes reflexions Je suis Monsieur vostre tres humble serviteur

Pascal

Collection de M. Chasles.

a St Germain le 12 janvier 1689

Monsr Newton jay reçu vostre lettre laultrehier je suis
bien aise que vous conuenez de vos relations avec feu
Monsr Pascal du reste vous ne pouuez le nier car on a icy
des lettres de vous a cet auteur qui prouueroit le contraire
madame Perrier soeur de Pascal les a encore du reste aussy
on ma asseuré que vous estiez bien au fait de ce quon
disoit en france a ce sujet quoyquil en soit je vous
que je me trouvois encore seul avec le Roy de france il a
~~[illegible]~~ fait venir la conversation sur cette affaire ce qui
me tesmoigne quil la a coeur. jay fait tout ce qui depen-
doit de moy pour vous excuser de cette imposition ~~[illegible]~~ donc
vous vous estiez servy vis a vis de Pascal. je croy que

. . . .

deja je vous lay dit cette maniere nest plus agreable avec
nous. Croyez tousjours a mon amitie.

Jacques R

Collection de M. Chasles.

S.

ECRITURE DE JACQUES II

a St. Germain ce 10: aoust 1690

Mardy matin je receut la votre du 26: Juillett, et le mesme soir la Reyne et moy avons parle long temps au Marquis de Tessan de tout de tout ce que c'est passé du puis que nous nous sommes veu, les enemys mesmes avout que vous vous estes retiée en bon order, My Lord Tyrconnel et vous ont tresbien fait vos devoirs, et vos françois, non infantrie ne prenant

....

....

Jacques

Cabinet de M. Feuillet de Conches.

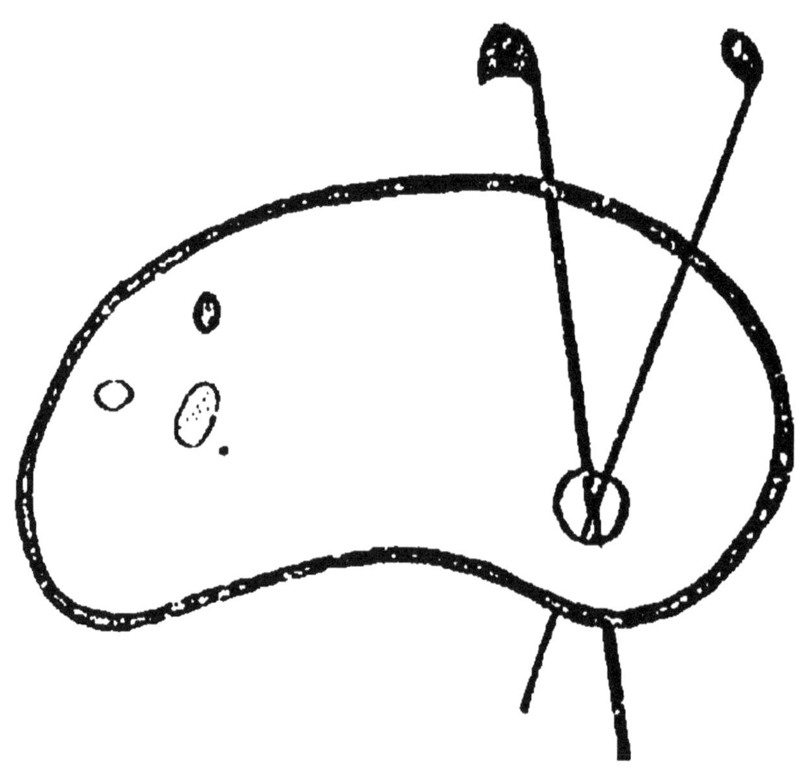

www.ingramcontent.com/pod-product-compliance
Ingram Content Group UK Ltd.
Pitfield, Milton Keynes, MK11 3LW, UK
UKHW020333230726
13925UKWH00002B/773

9 782013 545716